1.5도
생존을 위한
멈춤

1.5도
생존을 위한
멈춤

기후위기 비상행동 핸드북

박재용 지음

뿌리와
이파리

차례

여는 글 백악기에는 공평했지만 지금은 불공평하다 … **006**

제1장 기후가 문명을 만들었다 … **012**

제2장 지구가 뜨거워지면 무슨 일이 일어날까 … **029**

제3장 마지막 0.5도, 임박한 파국 … **048**

제4장 산업부문에서의 이산화탄소 배출과 대책 … **075**

제5장 자동차와 농축산물에서 새어나오는 온실가스 … **104**

제6장 과학기술에 거는 기대 … **127**

제7장 신재생에너지와 스마트 그리드 … **143**

제8장 우리는 지금 무엇을 해야 하나 … **164**

글을 마치며 이성으로 회의하고 의지로 낙관하자 … **213**

참고 도서 … **216**

그림 출처 … **217**

백악기에는 공평했지만 지금은 불공평하다

지금부터 6500만 년 전, 중앙아메리카 유카탄반도 북쪽 칙술루브 지역에 운석이 떨어졌습니다. 운석이 충돌하여 발생한 충격파로 전 세계 해안에 거대한 쓰나미가 들이닥쳐 초토화되었지요. 거대한 충격파와 고온 등으로 인해 운석이 충돌한 반경 100킬로미터 안에는 살아남은 생명이 거의 없었습니다. 그리고 엄청난 양의 먼지가 성층권으로 올라갔습니다. 대기의 흐름이 정체되어 있는 성층권에서 먼지는 지구 전체를 뒤덮어버립니다. 햇빛이 이 먼지에 가려져 지구의 온도가 내려갑니다. 그리고 일부 먼지는 비에 섞여 내립니다. 남극과 북극을 중심으로 땅이 얼어붙었고, 지구 전체가 추워집니다. 설상가상으로 식물들의 광합성

역시 햇빛이 약하니 대거 줄어듭니다. 하지만 그 이후 다시 지구온난화가 시작됩니다. 이산화탄소 같은 막대한 양의 온실가스가 운석이 충돌하는 과정에서 뿜어져 나왔기 때문이지요. 급격한 온도 상승으로 기후가 변하여 다시 생태계는 커다란 위기에 빠집니다. 흔히 공룡이 멸종한 사건으로 알려진 백악기 말의 운석 충돌은 이렇게 공룡뿐 아니라 지구 전체 생물종의 70퍼센트를 멸종시킵니다. 지구 역사상 다섯번째 대멸종이었습니다.

약 1만 년 전 인류가 문명을 시작할 때부터의 지질시대인 홀로세Holocene를 지나 이제 인류가 쓰고 버린 플라스틱 등이 땅에 버려지며 지층이 다시 구성되는 인류세Antropocene의 시기에, 우리는 또 다른 대멸종을 향해 달리고 있습니다. '인간 활동에 의한 지구온난화'와 더불어 급격한 도시화와 농경 등에 따른 서식지 파괴, 해양의 산성화 등 대부분 인간 때문에 일어나는 일입니다. 그러나 지금의 대멸종은 인간에 의해 이루어지고 있다는 것 외에도 백악기 대멸종과 몇 가지 다른 점이 있습니다.

백악기 대멸종은 공평한 멸종이었습니다. 지상 최대의 몸집을 자랑하던 공룡과 하늘을 지배하던 익룡부터 시작해서, 암모나이트나 벨렘나이트와 같은 연체동물, 그리고 여러 식물종과 유공충 등 전 범위에서 다양한 생명종이 멸종했습니다. 그중에서도 특히 생태계의 최상위 포식자들은 예외 없이 멸종했지요. 티라노사우루스가 대표적인 예이고, 바다에서도 모사사우루스 같은 최상위 포식자는 사라졌습니다.

그러나 지금 인류세의 대멸종에서 인간은 살아남을 것입니다. 사라지는 것은 인간을 제외한 다른 생물종이겠지요. 포유류, 조류, 양서류와 파충류, 그리고 식물들, 곤충들은 이미 사라지고 있지만 인간은 건재합니다. 아니, 건재한 것도 모자라 개체수가 폭발적으로 늘어, 이제 70억 명을 넘어섰습니다. 원인은 인간에게 있는데 정작 멸종하는 건 다른 생물이니 불공평하달 수밖에요.

물론 인간이라고 다 무사한 것은 아닙니다. 가난한 이들은 더 불행해지고 부자들은 상관없습니다. 오히려 기후변화를 기회로 더 돈을 버는 기업도 있겠지요. 기후변화에 의해 여름에 폭염이 겨울엔 혹한이 이전보다 더 자주, 더 심각하게 이어지겠지만, 항상 쾌적한 온도에서 지낼 수 있는 부자들에겐 남의 일입니다. 집이 지겨우면 여름엔 시원한 북쪽으로, 겨울엔 따뜻한 남쪽 나라로 갈 여유도 있지요. 그러나 사시사철 전기요금를 두려워하며 집을 지켜야 하는 가난한 이들에게 더 추운 겨울, 더 더운 여름은 현실적 위협이 되었습니다. 40도가 넘는 여름을 선풍기만으로 어떻게든 보내야 하고, 영하 십몇 도의 추위에서도 이불을 둘둘 말고 버텨야 하지요. 결국 버티지 못한 채 죽는 이들이 늘어납니다. 인도에서, 방글라데시에서, 아프리카의 내전 지역에서 더위에 버티지 못하고 죽어간 이들과, 중앙아시아와 동유럽에서 한파 속에 죽어간 이들, 그리고 가까이 우리나라에도 홀로 사는 가난한 노인들과 극빈층이 한여름과 겨울을 이기지 못하고 사라져가는 모습이 현실입니다.

거주·이전의 자유가 사실상 없는 가난한 나라 사람들에겐 올라가는 해수면이, 초원을 잠식하는 사막이 두렵습니다. 가뭄과 홍수 앞에 버텨야 하는 전 세계 십수억 명의 가난한 이들은, 법적으로는 거주·이전의 자유가 있지만 실제론 어떤 대안도 없이 기후난민으로 내몰려 기후위기 앞에 내동댕이쳐져 있습니다. 부자 나라는 방파제와 방조제를 세우고 다른 대책을 만들지만, 가난한 나라는 국토가 물에 잠기는 걸 그냥 지켜볼 수밖에 없습니다.

2019년 세계에서 가장 주목받는 인물 중 하나가 스웨덴의 16세 그레타 툰베리Greta Thunberg일 것입니다. 기후위기를 알리기 위해 학교를 결석하여 혼자 피켓을 앞에 두고 시위를 한 것이 시작이었습니다. 이 사실이 언론을 통해 알려지면서 동조하는 스웨덴의 청소년이 늘어났고, 기후위기 해결을 촉구하는 청소년들의 등교거부 운동이 '미래를 위한 금요일#FridaysForFuture'이라는 구호와 함께 널리 소개되면서 세계적 호응이 일어났습니다. 9월에는 전 세계적으로 기후파업strike for climate이 일어나기도 했지요. 그레타 툰베리는 2019년 기후위기와 그에 대한 행동의 상징이 되어 국제앰네스티 양심대사상 수상자로 선정되었지만, 그런 상보다 기후위기를 돌파하는 행동이 필요하다며 수상을 거부하기도 했습니다.

인간 활동에 의해 기후가 변하고, 이 변화가 인간과 전 생태계를 위기로 몰아넣고 있기 때문에 이를 '기후위기'라고 합니다. 이전부터 많은 사람이 위기가 올 거라고 이야기해왔으나 벗어나려는 노력에 비해 다가오는 위기의 속도와 범위가 너무 커서, 이제 정말 코앞에 다다랐습니다. 비상상황입니다. 그래서 툰베리와 여러 청소년은 학교에 가는 걸 적극 거부하는 '비상행동'을 했습니다.

우리나라에서도 2019년 9월 21일 대학로에서 '기후위기 비상행동'이 있었습니다. 200여 개에 이르는 각종 단체와 개인이 참여한 집회와 시위였지요. 그리고 9월 27일 금요일 오전에는 청소년들이 학교 수업을 거부하고 광화문에 모여 기후위기 대응을 촉구하는 파업을 벌였습니다. 기후 위기의 피해자는 바로 이들 미래 세대이기 때문이지요. 기성세대로선 미안함이 앞섭니다.

가난한 사람들과 가난한 나라와 아무것도 모르는 다른 생물들에게 참혹한 현실이 될 기후위기는 어떻게 닥쳐왔고 어떻게 진행될지, 그리고 이 위기를 극복하기 위해 우리가 무엇을 해야 하는지 알아보고자 합니다.

이 책은 많은 사람이 그저 혼자 읽고 끝내지 말고 같이 토론하며, 어떤 행동이 필요한지 합의하여 실제로 행동하기를 바라면서 썼습니다. 그래서 오히려 제가 구체적으로 어떤 행동에 나서야 한다고 강하게 주장하기보다는 객관적 사실을 보여주고, 여러분이 스스로 합의에 이를 수 있도록 말을 부러 아껴두었습니다. 여러분의 현명함과 토론의 힘을 믿기 때문입니다.

제1장

기후가 문명을
만들었다

홀로세가 시작되다

지질학적으로 약 258만 년 전에서 1만 2000년 전까지의
시기를 플라이스토세Pleistocene라고 부릅니다. 문명 이전의
인류가 살았던 이 시기에는 네 번의 빙하기와 세 번의 간
빙기가 있었습니다. 엄청나게 추웠다가 다시 따뜻해지기를
반복하던 시기지요. 인류는 이 시기를 수렵채집 생활로 통
과하면서 전 지구의 육지로 진출합니다. 그리고 플라이스
토세의 세번째 빙하기가 끝나고 네번째 간빙기가 시작되는
시점, 즉 1만 2000년 전에 홀로세가 시작됩니다. 지금 우
리는 홀로세에 살고 있습니다.

홀로세에는 플라이스토세와 다르게 기후가 안정되기 시작했습니다. 즉, 올해의 날씨와 내년의 날씨에 큰 변화가 없다는 것이죠. 전 세계 어느 지역이든 이런 현상은 일반적으로 나타났습니다. 한반도에선 봄이 오면 눈이 녹으며 식물들이 자라기 좋은 날씨가 되고, 초여름이 되면 비가 많이 내리기 시작하며, 9월에 가을이 찾아오면서 건조해지고, 겨울에는 추워집니다. 이러한 계절의 변화가 어쩌다 한 번씩이 아니라 매년 반복되는 일이 됩니다.

이제 인간은 농사를 짓고 목축을 할 수 있게 되었습니다. 농사를 지으려면 일정한 주기에 따라 날씨가 안정적으로 변해야 합니다. 매년 비슷한 시기에 비슷한 날씨라야 씨를 뿌릴 때를 알고 논둑을 쌓아야 할 때, 추수할 때를 알 수 있으며 거친 날씨에도 대비할 수 있기 때문이지요. 목축을 하는 이도 계절이 바뀜에 따라 어느 곳에 풀이 많을지, 언제 산으로 올라가야 하는지 예상할 수 있습니다. 이렇게 평온한 기후에서 사는 시절이 약 1만 2000년 전부터 시작되었지요.

물론 플라이스토세라고 그런 시절이 없었던 것은 아닙니다. 간빙기에는 제법 안정적으로 기후가 바뀌기도 했고, 추운 빙하기에도 기후의 변화가 크지 않을 때 저위도 지역에는 농사를 지을 조건이 갖추어져 있었습니다. 그러나 그때는 인간이 준비되질 않았습니다. 인간은 200만 년이 넘는 시간 동안 나름대로 진화도 하고 학습도 하면서 농사와 목축을 할 지식을 쌓아갔습니다. 결국 기후의 조건과 인간의 지식 두 가지가 모두 갖추어진 1만 년 전, 인간은 농경 사회로 접어듭니다. 되돌릴 수 없는 변화, 즉 인류의 문명은 이렇게 안정된 기후에서 시작되었습니다.

그런데 지금 지구의 온도가 급격하게 올라가면서 기후가 변하고 있습니다. 바로 인간이 내놓은 이산화탄소 때문입니다.

이산화탄소와 지구 표면의 평균온도

20세기 지구의 평균기온은 섭씨 13.9도 정도 됩니다. 반면 달은 평균 -23도입니다. 지구나 달이나 태양으로부터의 거리는 비슷한데, 기온은 거의 37도 차이가 나지요. 이 차이는 바다와 대기의 존재 여부, 그리고 햇빛의 반사 정도에 의해 나타납니다.

지구는 태양빛의 70퍼센트를 흡수하고 나머지를 반사합

니다. 그리고 우주로 열에너지를 내놓습니다. 내놓는 양과 흡수하는 양이 같으면 지구의 평균온도는 항상 일정하게 유지됩니다. 큰 틀에서 지구는 에너지 출입이 같은 평형상태를 유지하고 있으며, 달도 마찬가지입니다.

그러나 세부적으로 살펴보면 달과 다른 측면이 있습니다. 지구는 흡수한 만큼의 에너지를 주로 적외선 계열의 전자기파로 다시 내놓습니다. 태양이 가시광선과 자외선 영역으로 전자기파를 주는 것과 조금 다르지요. 지구 표면에서 발생한 이 적외선은 그러나 대기에 일부가 흡수됩니다. 적외선이 나가지 못하는 만큼 아주 오래전 지구는 에너지의 수입이 지출보다 많았습니다. 그에 따라 지표면의 온도가 조금 더 높아졌습니다. 원래 어떤 물체든 온도가 올라가면 그에 따라 더 많은 에너지를 전자기파, 즉 빛의 형태로 내놓습니다. 온도가 올라간 지구는 더 많은 적외선을 내놓았고, 그 양이 대기에 흡수되는 양을 상쇄하면서 지구도 에너지 평형상태를 유지하게 되었지요. 그 온도가 방금 말씀드린 14도 내외입니다. 이렇게 지구 대기에 에너지가 흡수되어 지표의 온도가 올라가는 효과를 온실효과라고 합니다. 달은 지구와 달리 대기가 없어 온실효과를 누릴 수 없었던 거지요.

지구의 대기는 질소가 78퍼센트 정도, 산소가 21퍼센트, 아르곤이 0.9퍼센트로, 세 기체가 총 99.9퍼센트를 차지합니다. 이산화탄소는 0.03퍼센트에 불과하지요. 하지만 질소와 산소 그리고 아르곤은 지표에서 우주로 나가는 적외선 영역의 전자기파를 거의 흡수하지 못합니다. 적외선을 흡수하는 기체는 전체에서 얼마 되지 않는 이산화탄소와 수증기입니다. 이들이 달과 다르게 따뜻한 지구를 만들었지요. 이산화탄소는 이렇듯 지구를 지구답게 만드는 중요한 요인입니다. 이산화탄소는 산소와 탄소라는 두 종류의 원소가 결합한 분자로, 그중 탄소는 전 지구적 순환을 통해 각 영역에서 일정하게 유지됩니다.

먼저 대기 중의 탄소는 대부분 이산화탄소 기체로 존재하는데, 이 이산화탄소가 나타나는 요인은 다음과 같습니다. 먼저 생물들이 호흡을 통해 이산화탄소를 내놓습니다. 그리고 화산이 폭발하거나 분출할 때도 이산화탄소가 나옵니다. 또한 토양의 유기물이 분해되면서 이산화탄소가 배출됩니다. 지각이 융기하는 과정에서 지표로 노출된 유기 탄소에서도 이산화탄소가 나올 수 있습니다. 그리고 바다에서는 해저화산 등지에서 이산화탄소가 배출되기도 합니다. 마지막으로 우리 인간이 연소시킨 화석연료에서 이산

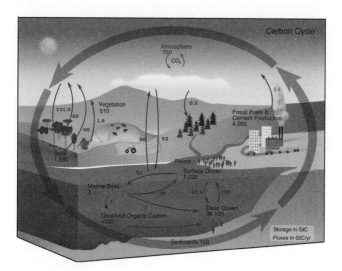

그림 1 탄소 순환

화탄소가 배출됩니다.

대기 중의 이산화탄소를 흡수하는 과정도 있습니다. 일단 육상 식물이 광합성을 통해 이산화탄소를 흡수합니다. 그리고 바다에서는 흔히 식물성 플랑크톤이라 불리는 작은 단세포 생물과 미역, 김 등이 광합성을 하며, 이 광합성 생물들을 한데 모아 조류algae라고 부릅니다. 지각을 이루는 규산염 광물이 화학적으로 풍화될 때도 이산화탄소가 흡수됩니다. 이산화탄소가 바닷물에 녹아들기도 하는데요. 이후 생물학적·화학적 과정을 거쳐 탄산염이 되어 가라앉습니다. 그리고 하나둘 쌓인 탄산염은 퇴적층이 되어 지각의 한 부분을 이루지요.

이렇듯 탄소는 지구의 대기권, 수권, 암권을 돌며 일정하게 순환하고 있습니다. 이 과정에서 문제가 생길 때 대기 중의 이산화탄소 농도가 변하게 됩니다. 그리고 지구 표면의 평균온도도 그에 따라 변합니다. 과거 지질시대를 연구해봐도 이산화탄소의 농도가 높을 때는 지구 전체의 평균온도가 높았고 농도가 낮을 때는 온도 역시 낮았습니다(과거 지구의 온도는 당시 퇴적된 지층의 방사성 동위원소나 화석 등으로 알 수 있습니다).

지난 1만 년 동안 지구 대기의 이산화탄소 농도와 수증기 농도는 비교적 변함없이 일정하게 유지되었습니다. 따라서 지구의 평균기온도 일정하게 유지되었지요. 그런데 지구 시스템을 연구하는 과학자들이 20세기 중반부터 조사한 바에 따르면, 지난 200년 동안 이산화탄소의 농도가 점점 높아지고 있습니다. 산업혁명이 일어난 시기가 대략 18세기 중반입니다. 인류가 석탄과 같은 화석연료를 본격적으로 태우기 시작한 때이지요. 〈그림 2〉를 보시면 산업혁명이 시작된 시기에 이산화탄소 농도는 약 0.03퍼센트

제1장 기후가 문명을 만들었다

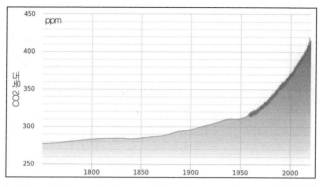

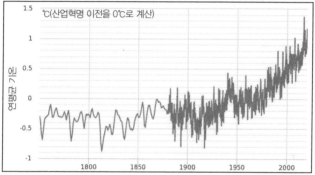

그림 2 산업혁명 이후 대기 중 이산화탄소 농도와 연평균 기온 변화

(300피피엠)였습니다. 그 후 완만히 오르다가, 20세기가 시
작되자 그 증가세가 훨씬 커졌습니다. 이때부터 석유를 본
격적으로 사용했기 때문이지요. 자동차가 늘어나고 화물선
과 비행기가 기하급수적으로 늘어납니다. 전기가 들어오

기 시작하고, 전기를 생산하기 위한 화력발전소가 전 세계적으로 늘어나던 시기지요. 그리고 20세기 말이 되면서 증가세는 더욱 높아집니다. 중국과 인도를 비롯한 제3세계가 맹렬히 산업화를 추진하기 시작하면서지요. 현재 이산화탄소 농도는 0.04퍼센트가 넘었습니다.[1] 지금의 추세대로라면 21세기가 끝나기 전에 0.06퍼센트를 돌파하는 건 문제가 아닐 듯싶습니다. 200년 만에 이산화탄소 농도가 두 배가 되는 것이지요.

화석연료는 크게 석탄, 석유, 천연가스 세 가지로 나뉩니다. 본격적으로 쓰이기 시작한 순서로 보면 석탄이 가장 먼저입니다. 주로 고생대 석탄기 땅속에 묻힌 식물에서 유래했지요. 다양한 화합물이 포함되어 있는데 그중 탄소화합물이 가장 많습니다. 석유는 주로 바다에 살던 생물들의 유해가 밑바닥에 쌓여 만들어지며, 마찬가지로 탄소화합물이 주성분이지요. 천연가스는 석유와 비슷하게 생성되지만 기체 상태로 땅속에 저장되어 있습니다.

이 화석연료들은 말 그대로 연료로 사용됩니다. 발전소

---

1 「올해 이산화탄소 농도 411ppm 돌파 예측」, 『한겨레』, 2019년 1월 29일.
http://www.hani.co.kr/arti/science/science_general/880341.html

에서는 이들이 연소할 때 발생하는 열로 물을 기화시키며, 그 수증기의 압력으로 터빈을 돌립니다. 자동차의 엔진에서는 이들의 연소에 의해 공기가 팽창하는 힘을 구동력으로 이용하지요. 이렇게 탄소화합물이 연소하는 과정에서 탄소와 산소가 결합하여 이산화탄소가 나옵니다. 발전소와 자동차가 극적으로 늘어난 200년 사이에 대기 중 이산화탄소 농도가 높아진 것이지요.

그러니 당연히 지구의 온도가 올라갑니다. 태양에서 오는 에너지는 변함이 없는데, 지구에서 나가는 적외선은 늘어난 이산화탄소에 잡혀 나갈지 못하니까요. 〈그림 2〉에서는 산업혁명 시작시의 지구 평균기온 약 13.6도를 기준(0도)으로 잡았습니다. 2004년에는 그보다 1도 정도 더 올랐지요.

지구온난화의 원인은 무엇인가

그런데 지금 기온이 오르는 게 꼭 이산화탄소 때문이라고 단정 지을 수 있을까요? 일단 지구의 평균온도에 영향을 주는 요인은 여러 가지가 있습니다.

우선 화산 폭발입니다. 작은 화산 한두 개가 터져도 주변에만 재앙일 뿐, 지구 전체에는 큰 영향을 미치지 못합니다. 그러나 아주 커다란 화산 폭발이 일어나면 일시적으로 기후에 변화를 줄 수 있습니다. 마그마와 화산재가 1000세제곱킬로미터 이상으로 분출하는 슈퍼화산이 폭발하는 경우 몇십 년 가까이 그 영향이 이어지기도 합니다. 그러나 아주 결정적인 영향을 주는 대규모 화산 분출은 인류가 지구에 등장한 이후에는 일어난 적이 없습니다.

두번째로 천문학적 요인이 있습니다. 지구는 태양 주위를 타원궤도로 공전하는데, 이 궤도의 이심률[2]이 늘어났다 줄어들었다를 반복합니다. 이심률이 커지면 계절별 온도차가 커지고 이심률이 작아지면 온도차도 줄어들지요. 또한 지구의 자전축은 공전궤도에 완전히 수직이 아니라 23.5도 정도 기울어져 있는데, 이 기울기 역시 일정한 주기로 변합니다. 게다가 자전축이 기울어지는 방향 또한 원을 그리며 변하는데, 마치 돌아가는 팽이의 축이 원을 그리는 것과 같습니다. 이 세 가지 요인의 변화가 일어나는 주기를

---

2 이심률은 타원이 찌그러진 정도를 나타내는 수치이며, 0에서 1 사이의 값을 가집니다. 반듯한 원은 이심률이 0이고, 이 값이 1에 가까울수록 더 찌그러진 형태입니다.

밀란코비치 주기Milankovitch cycles라고 합니다. 이런 요인들도 지구의 기온에 영향을 주기는 하지만, 몇천 년도 아니고 몇만 년에서 몇십만 년의 긴 기간에 거쳐 조금씩 변화를 일으킬 뿐입니다.

세번째로 대류의 이동도 기후에 영향을 줍니다. 현재처럼 남극대류이 남극에 위치하여 고립되면, 빙상이 넓어지고 남극 주위의 바닷물이 순환하면서 지구 전체의 기온이 낮아지게 됩니다. 또 아프리카 대류과 인도 아대류이 북쪽으로 움직이는 가운데 다양한 변화가 일어나기도 합니다.

그러나 제가 설명한 이런 변화들은 길게는 몇백만 년에 걸쳐 아주 느리게 일어나므로, 현재의 200년에 걸친 급격한 온도 변화를 설명할 순 없습니다. 결국 19세기 중반에서 21세기 초까지 1도의 온도 상승은 이산화탄소 농도 상승이 원인일 수밖에 없습니다. 이는 인간이 화석연료를 연소시켰기 때문에 나타난 결과입니다. 그렇다면 지구 평균기온 1도 상승은 어떤 현상을 불러일으켰을까요? 그리고 이런 기온 상승이 지속된다면 어떤 미래가 찾아올까요?

임계온도 섭씨 1.5도

2018년 기후변화에 관한 정부 간 협의체Intergovernmental Panel on Climate Change, IPCC 제48차 총회에서 「지구온난화 1.5℃ Global Warming of 1.5℃」 특별 보고서가 채택되었습니다. 1.5도는 산업화 이전에 비해 지구가 허용할 수 있는 온도 상승 여력을 나타내는 숫자입니다. 산업화 이후 현재 지구 평균온도는 약 1도 상승했으니, 남은 온도 0.5도밖에 되지 않는다는 거지요. 특별 보고서의 「정책결정자를 위한 요약본」은 지구 평균온도가 2.0도 상승할 때와 1.5도 상승할 때를 비교하는 내용이 주를 이룹니다. 이를 통해 2.0도가 아니라 1.5도 이하를 목표로 삼아야 한다고 설득하려는 것이지요. 2015년 유엔 기후변화 회의에서 맺은 파리협정에서는 각국이 지구 기온 상승을 2.0도 이하로 묶고 1.5도로 제한하기 위해 노력하자고 합의했지만, 이젠 더 나아가 확실하게 1.5도 이하로 막아야 한다고 이야기합니다.

우리의 눈높이가 2.0도가 아닌 1.5도여야 하는 까닭은 다음과 같습니다.[3]

---

3 「「지구온난화 1.5℃」 특별보고서: 정책결정자를 위한 요약본(SPM)」, IPCC,

2100년을 기준으로 보면 1.5도 상승했을 때가 2.0도일 때에 비해 해수면이 0.1미터 낮습니다. 10센티미터밖에 안 되는 차이지만, 이 정도 상승으로 인해 위험에 빠질 수 있는 사람은 약 1000만 명에 달합니다. 또 1.5도에서는 해수면 상승 속도가 더 느리기 때문에, 담수의 염류화, 홍수 증가 및 기초 시설의 손상으로 인한 위험이 줄어들고 이에 적응할 기회가 늘어난다는 점에서 중요합니다.

1.5도의 경우 현재 생물 중 척추동물의 4퍼센트, 곤충의 5퍼센트, 식물의 8퍼센트가 서식지의 절반 정도를 상실할 것으로 예측되는데, 2.0도에서는 그 비율이 척추동물은 8퍼센트, 곤충은 18퍼센트, 식물은 16퍼센트로 증가합니다. 그리고 1.5도 상승 시에는 생태계 변화가 일어나는 육지 면적이 4퍼센트인 데에 반해, 2.0도에서는 13퍼센트로 세 배 이상 증가합니다. 그리고 고위도 지역의 툰드라와 한대림이 기후변화로 황폐화되며 면적이 줄고 있습니다만, 그럼에도 1.5도로 상승폭을 낮추면 150만~250만 제곱킬로미터의 영구동토층이 녹는 것을 막을 수 있습니다.

1.5도로 상승폭을 낮추는 것은 해수온도 상승 및 해양

기상청 번역.

산성화를 완화하는 데도 도움이 됩니다. 북극해의 해빙이 모두 녹아 없어질 확률은 2.0도에서 10년에 한 번 꼴이지만 1.5도에서는 100년에 한 번으로 줄어듭니다. 또한 이산화탄소 농도의 증가와 지구온난화는 해조류에서 어류에 이르기까지 광범위한 생물종의 사멸을 가져올 것으로 예측되는데, 바닷속 산호초의 경우 1.5도에서 70~90퍼센트 감소하겠지만 2.0도에서는 99퍼센트 이상 감소할 것으로 보입니다. 전 지구 어업 수확량 감소치는 1.5도에서 150만 톤인 데 비해, 2.0도에서는 300만 톤으로 늘어날 것입니다.

지구온난화는 불균형적 영향을 미칩니다. 건물의 인공열 배출이나 대기오염과 맞물려, 다른 지역보다 도시가 유독 더 뜨거워지는 열섬현상이 늘어나고 오존 농도가 높아지면서 관련 질병 유병률 및 사망률이 높아집니다. 빈곤층과 사회적 소외계층은 이로 인한 피해를 더 크게 받겠지요. 한편 열대지역에서는 말라리아나 뎅기열 같은 감염병이 더욱 확산될 것입니다. 농어업에 생계를 의존하는 사회에도 큰 영향을 미칩니다. 지구가 뜨거워지면서 옥수수, 쌀, 밀 등 곡물 수확량이 줄어드는데, 특히 사하라 이남 아프리카, 동남아시아, 중남미 지역에서 더 감소할 것으로 보입니다.

충분한 먹을 거리를 가지고 있는지를 따지는 식량 가용

우려 요인(RFCs)과 관련된 리스크

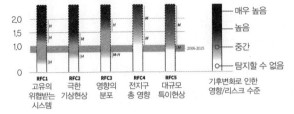

선택된 자연계, 관리된 시스템 및 인간계에 대한 리스크

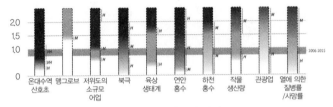

그림 3 지구온난화가 생태계와 인간 사회에 미칠 위험의 정도

성은, 아프리카 사헬지역, 남아프리카, 지중해, 중부 유럽, 아마존에서 2.0도 상승 시 1.5도보다 더 크게 감소할 것입니다. 만약 1.5도로 제한하지 못한다면, 물 부족에 노출되는 인구 비율도 최대 두 배 가까이 증가할 것으로 전망됩니다. 기온이 2.0도 늘어날 땐 1.5로 제한할 경우에 비해, 전반적으로 기후 관련 위험에 노출될 인구와 빈곤에 취약한 인구가 2050년까지 최대 수억 명 늘어날 것입니다.

　이처럼 다양한 분야에서 1.5도로 억제했을 때, 2.0도 상승보다 인류와 지구 생태계가 맞이할 위험이 많이 줄어듭니다. 〈그림 3〉을 보시면 2.0도가 넘어가는 순간 대부분의 요인에서 심각한 위기가 나타남을 알 수 있습니다. 사실 이미 1.0도 상승한 현재도 심각한 상황인 건 사실이고 당장 이산화탄소 배출을 멈추어야 하지만, 그래도 인간과 자연이 버틸 수 있는 한계가 남은 0.5도임을 그래프는 보여줍니다.

제2장

지구가 뜨거워지면
무슨 일이 일어날까

해수면 상승

현재의 '인간 활동에 의한 지구온난화'가 지속되면 과연 무슨 일이 벌어질까요? 가장 많이 거론되는 것이 해수면 상승입니다. 해수면은 두 가지 요인 때문에 오르지요. 하나는 바닷물의 양 자체가 늘어나는 것이고 다른 하나는 수온이 올라 물의 부피가 커지는 것입니다.

바닷물의 양이 늘어나는 이유는 간단합니다. 얼음이 녹아서 바닷물에 보태지기 때문이죠. 지표의 물은 해수가 97퍼센트고 나머지가 육지의 물(담수)입니다. 담수의 20.7퍼센트는 지하수로 흐르고, 강이나 호수 등 우리에게

익숙한 형태는 0.1퍼센트밖에 되지 않으며, 79.2퍼센트가 얼어붙은 빙하로 되어 있습니다. 즉, 지표 전체의 물 중 2퍼센트 정도가 빙하인 셈입니다. 지구상에 존재하는 빙하의 86퍼센트는 남극에 있고, 그린란드가 11.5퍼센트를 차지합니다. 나머지 고산지대의 빙하가 2.5퍼센트입니다. 북극해의 얼음은 고려 대상이 아닙니다. 바다에 떠 있는 얼음은 물에 담겨진 만큼의 부피가 이미 바닷물에 반영되어 있기에, 녹아도 해수면을 높이지 않습니다. 하지만 그린란드와 남극대륙의 얼음은 다르죠. 이 둘은 육지에 있기 때문에 현재는 바닷물의 부피에 반영되어 있지 않습니다.

그런데 이 얼음이 녹고 있습니다. 그린란드의 빙하가 지표 전체 물에서 차지하는 비율은 약 0.2퍼센트 조금 넘고 남극의 빙하가 차지하는 비율은 1.6퍼센트 조금 넘습니다. 비율이 얼마 안 된다고 안심할 것이 아닙니다. 전 세계 바다는 평균 수심이 3킬로미터가 넘습니다. 만약 그린란드의 빙하가 다 녹는다면, 그 비율을 수치로 계산했을 때 수면이 6미터 가량 높아진다는 뜻이지요. 남극의 빙하가 녹으면 50미터 가까이 높아집니다. 물론 이른 시일 내에 이 모든 빙하가 다 녹지는 않을 겁니다. 하지만 현재 연구결과에 따르면 그린란드와 남극의 빙하가 녹는 속도는 빨라지고 있으며, 2100년까지 세계의 해수면이 2미터 정도 상승할 수 있을 것으로 보고 있습니다.

원래 이전까지의 연구에서는 상승 예측치가 그 절반 이하였습니다. IPCC가 2013년 평가 보고서를 냈을 때는 2100년까지 52~98센티미터 정도 상승할 거라고 예측했지요. 그러나 오늘날 연구자들은 탄소 배출량이 현재와 같이 이어진다면 2100년쯤엔 52~238센티미터 상승할 것이라고 추정하고 있습니다.[1]

해수면이 1미터 상승하면 어떤 일이 일어날까요? 일단 몇몇 나라는 전체 또는 대부분이 물에 잠길 위험에 처합니다. 몰디브와 나우루, 투발루, 피지, 키리바시, 사모아, 통가 등의 섬나라들과 네덜란드, 방글라데시처럼 국토 전체가 해수면과 비슷한 고도인 나라들이 위험합니다. 하지만 이런 나라들뿐 아니라 강물이 바다와 만나는 곳에 형성되는 삼각주 지역은 대부분 고도가 해수면과 비슷합니다. 고도가 낮기 때문에 강물이 바다로 빠르게 흘러 들어가지 못하고 옆으로 펴져 삼각주가 만들어지죠. 그리고 이런 삼각주

1 J. L. Bamber et al., "Ice sheet contributions to future sea-level rise from structured expert judgment," *PNAS* vol. 116 no. 23, 2019: 11195-11200, https://doi.org/10.1073/pnas.1817205116

들은 대부분 곡식이 많이 나는 곡창지대입니다. 이집트를 먹여 살리는 나일강 삼각주, 미국의 미시시피강 삼각주, 브라질의 아마존강 삼각주, 중국의 황하와 양쯔강 삼각주 등이 대표적입니다. 해수면이 상승하면 전체적으로 식량 생산에 큰 타격을 받겠지요. 우리나라도 낙동강과 영산강 하구가 큰 영향을 받을 것입니다. 부산과 김해시, 전라남도 영암군, 무안군, 고흥군 등이 문제가 됩니다. 북한도 대동강이나 압록강 하구 등이 피해를 받는 지역이지요. 일본과 같은 규모가 큰 섬나라도 대부분의 도시가 해안선을 따라 형성되었기 때문에 비상입니다.

해수면이 2미터 이상 상승하게 된다면 문제는 더욱 심각해집니다. 물론 육지가 모두 바다에 잠기진 않겠지만, 지도를 다시 그려야 할 정도의 변화가 불가피하지요. 유럽의 브뤼셀, 런던, 바르셀로나, 리스본, 미국의 마이애미, 뉴올리언스, 휴스턴, 샌프란시스코, 중국 동부 및 일본과 대만 해안 지역 대부분의 도시, 베트남과 캄보디아의 해안 도시, 게다가 우리나라에서는 부산의 해안 지역, 김해, 군산, 장항 등이 수몰될 가능성이 높습니다.

그렇다면 대책은 뭘까요? 첫번째는 이주입니다. 즉, 수몰되는 곳에 있는 사람들과 시설을 고도가 더 높은 지역으로 옮겨야 합니다. 해수면 상승은 매년 1센티미터 정도로 꾸준히 그러나 느리게 진행되므로, 국가가 계획을 세우고 예산을 배정하면 이주시킬 수 있습니다. 두번째는 네덜란드처럼 해안에 방파제와 방조제를 건설하는 겁니다. 섬나라나 저지대가 많은 곳은 사실 이게 유일한 해결책이나 다름없습니다. 군산에서 부안까지 이르는 새만금 방조제나 서산에 세운 방조제와 같은 제방을 세워 해수면 상승에 대비하는 거죠. 그러나 이런 방법은 해수면이 계속 오르면서 수몰되는 상황을 완전히 피할 수는 없으며, 동시에 막대한 비용이 들고 해양생태계를 파괴합니다. 일부 과학자들은 해수면 상승으로 사라질 작은 섬들을 대신할 인공 부유섬을 만드는 연구를 진행 중입니다. 하지만 몇만 명 이상의 사람이 거주할 인공 섬을 만드는 일은 비용에서도 안전성 면에서도 만만한 일이 아닙니다.

해수면 상승이 눈앞에 닥치면 가난한 나라와 부자 나라의 대책이 나뉠 것입니다. 네덜란드나 미국, 일본과 같은 나라는 방조제 등을 이용해 최대한 육지 면적을 지키고, 일부 사라지는 지역은 이주시키는 정책을 펼칠 수 있습니다. 하지만 방글라데시와 같은 가난한 나라에선 방조제를 설치할 비용과 기술이 부족하니 국토의 핵심부가 수몰되는 걸

바라볼 수밖에 없습니다. 태평양과 인도양의 섬나라들도 마찬가지죠. 결국 이 나라의 시민들은 이웃 나라로 영구히 이주하는 방법밖에 없을 것입니다.

같은 나라에서도 가난한 이들과 부자는 나뉩니다. 가난은 거주·이전의 자유를 제한하죠. 삼각주에서 농사를 지으며 삶을 유지하던 가난한 사람들은 자신의 땅이 수몰되면 일단은 이주할 수밖에 없지만, 이주한 곳에서 새로운 직업을 찾기란 쉽지 않습니다. 수많은 이가 그 지역의 도시빈민이 되겠지요. 평생 농사를 짓던 이들 중 대부분은 새로운 도시에서 제대로 된 직업을 구할 수 없습니다.

산호초의 붕괴

해양생태계는 광합성을 하는 식물성 플랑크톤이 밑바탕이 됩니다. 식물성 플랑크톤이 존재할 수 있는 조건은 두 가지입니다. 하나는 광합성의 필수 요소인 햇빛이죠. 문제는 햇빛이 닿을 수 있는 최대 깊이가 200미터밖에 안 된다는 것입니다. 따라서 바다의 대부분을 차지하는 심해에는 식물성 플랑크톤이 살 수 없으며 바다 표면에 가까운 곳에만 존재하지요.

그러나 햇빛이 다가 아닙니다. 식물성 플랑크톤이라고 해서 햇빛만 있으면 살 수 있는 것은 아니죠. 육지의 식물이 흙으로부터 영양분을 얻어야 자랄 수 있듯이 이들에게도 무기염류가 필수입니다. 바닷속 무기염류는 대부분 육지에서 흘러들어가는 강물을 통해 공급됩니다. 그래서 해안가가 식물성 플랑크톤이 살기에 가장 적합한 곳입니다. 그 외에 우리나라 동해의 독도나 남아메리카 칠레 부근 해역처럼 바다 밑에서부터 무기염류가 풍부한 해류가 용승하는 지역도 괜찮습니다. 이런 지역은 식물성 플랑크톤이 풍부하고 그에 따라 다양한 어류가 살고 있어 좋은 어장이 형성됩니다. 반면에 적도 지역은 햇빛이 강함에도 해양생태계가 오히려 척박합니다. 주변에 육지가 거의 없어 무기염류의 농도가 낮기 때문이죠.

초기 지구의 해양생태계가 이러했습니다. 하지만 산호가 등장하면서 생태계가 달라집니다. 산호는 폴립이라는 촉수 덩어리 동물이 모여 있는 군체로, 기본적으로 몸속에 서식하는 조류와 공생하여 살아갑니다. 폴립은 조류에게 서식지의 안전을 보장하고, 호흡 과정에서 나오는 이산화탄소와 질소화합물을 공급해줍니다. 대신 조류는 광합성을 통해 산소와 유기영양분을 폴립에게 제공하지요. 이 기가 막힌 조합이 해양생태계를 바꿉니다.

폴립은 자신의 안전을 위해 몸 주변을 탄산칼슘으로 만든 껍데기로 감쌉니다. 폴립 하나는 아주 작지만 이런 폴립이 수십 억 마리가 모여 산호가 됩니다. 그리고 그 탄산칼슘이 퇴적되어 형성된 지형과 함께 수많은 산호 군단을 아울러 산호초라고 하지요. 우선 산호 역시 얕은 바다에서부터 만들어지기 시작합니다. 또 대양의 중심에는 해저화산이 분출하면서 항상 작은 섬들(해산)이 생기기 마련인데, 그 주변에도 이런 산호가 형성됩니다. 해산은 시간이 지나면 풍화와 침식에 의해 바다 밑으로 다시 가라앉지만, 그 주변에 형성된 산호는 지속적으로 커집니다. 이렇게 전 세계 바다에 만들어진 산호초는 해양생태계의 또 다른 보고가 됩니다. 산호초가 차지하는 면적은 전체 바다의 1퍼센트가 채 되지 않지만 이들은 전체 해양생태계의 4분의 1을 지탱하지요.

그런데 이런 산호도 '인간 행동에 의한 지구온난화' 앞에서 생존의 기로에 서 있습니다. IPCC에서 발간한 「지구온난화 1.5도」 특별 보고서에 따르면, 지구의 평균온도가 1.5도 상승할 경우 전 세계 해양 산호초의 70~90퍼센트가 사라집니다. 또한 유엔 생물다양성 과학기구$_{IPBES}$ 총회에서 채택한 보고서에 따르면, 지금도 전 세계 산호초의 33퍼센트가 멸종 위기에 처해 있습니다. 세계에서 가장 큰 산호초인 호주 그레이트 배리어 리프$_{Great Barrier Reef}$는 약 절반 정도가 사라졌습니다.[2]

산호초가 사라지는 이유는 대기 중 이산화탄소 농도가 증가하고 수온이 높아지기 때문입니다. 이산화탄소 농도가 증가하면 바다에 함유된 탄산이온의 농도도 증가하는데, 이 탄산이 산호초의 탄산칼슘을 분해합니다. 여기에 수온이 높아지면 산호의 백화현상이 더욱 빠르게 진행됩니다. 산호의 백화현상이란 폴립 내부에 살고 있는 조류가 빠져나가면서 산호가 하얗게 변하는 현상입니다. 물론 백화현상의 원인에는 수온뿐만 아니라 다양한 해양오염 물질의 영향도 있습니다. 산호초 주변에 유기물이 많이 쌓이면 그걸 분해하는 과정에서 산소가 고갈되면서 유독한 황화수소가 배출되기도 하고, 플라스틱 쓰레기도 산호초를 위협합니다. 또한 자외선 차단제에 함유된 옥시벤존과 옥티노세

---

2 「산호초 멸종 막을 '슈퍼 산호' 발견」, 『사이언스타임즈』, 2019년 6월 7일.
https://www.sciencetimes.co.kr/?news=산호초-멸종-막을-슈퍼-산호-
발견

이트 등도 백화현상을 일으키지요. 하지만 현재 산호초가 사라지는 가장 중요한 원인은 지구온난화입니다. 머지않은 장래, 즉 우리가 살아 있는 동안 전 세계 바다에서 산호가 다 없어질 가능성이 아주 높습니다.

이상기후

이상기후의 대표적 현상으로 꼽히는 것이 엘니뇨와 라니냐 입니다. 엘니뇨와 라니냐는 그러나 아주 특별한 이상기후 라기보다는 일정한 주기로 되풀이되는 사건입니다. 밀도차 에 의한 해류의 순환인 열염순환과도 관계가 있지만, 열대 지역의 주기적 변화와 관계가 더 깊습니다.

열대지역 바다에선 무역풍에 의해 동에서 서로 적도해류 가 흐릅니다. 무역풍이 약해지면 그 흐름도 마찬가지로 약 해지죠. 이렇게 되면 태평양의 동쪽 남미 서해안에는 따뜻 한 바닷물이 잔뜩 남아, 심층해류가 올라오지 못 하게 됩니 다. 따라서 그 부근의 기온도 올라가지요. 따뜻한 바닷물이 증발되니 구름도 많이 끼고 비도 많이 오면서 홍수가 심해 집니다. 반대로 태평양 서쪽 인도차이나반도와 말레이제도

등에선 원래 적도해류에 따라 들어와야 할 따뜻한 바닷물
이 적게 오니 그만큼 기온도 낮아집니다. 비도 예년보다 적
게 오지요. 이럴 때 인도네시아나 말레이시아 등에서 산불
이 자주 발생하게 됩니다. 이런 현상을 엘니뇨라고 합니다.

　반대로 라니냐는 무역풍이 예년보다 강해지는 현상입니
다. 이렇게 되면 평소보다 적도해류의 흐름이 빨라지지요.
엘니뇨와는 반대로 남미 서해안 쪽 기온이 내려가고 가뭄
이 듭니다. 반면에 말레이시아나 인도네시아 부근은 수온
이 올라가게 되지요. 그러면 적도의 해수면이 따뜻해지면
서 평소보다 태풍이 더 잦아지고 그 위력도 세집니다.

　이런 엘니뇨와 라니냐는 보통 5년을 주기로 나타나곤 합
니다. 그러나 지구온난화는 이 주기와 강도에도 변화를 주
고 있습니다. 호주와 중국, 미국, 영국, 프랑스와 페루 등의
국제 공동 연구팀은 1990년 이전 100년과 1991년 이후
100년에 대한 기후예측 모형을 비교하며, 지구온난화와
엘니뇨 및 라니냐 발생 수를 조사했습니다. 이 모형에서는
상위 5퍼센트의 강력한 엘니뇨와 라니냐가 두 배 이상 더
많이 발생할 것으로 예측되었습니다. 1990년 이전에 그런
강력한 엘니뇨가 발생하는 주기는 약 20년에 한 번 꼴이었
고 라니냐는 23년에 한 번 꼴이었는데, 앞으로는 10년에

한 번 꼴로 발생한다는 뜻입니다. 더구나 강력한 라니냐의 75퍼센트는 강력한 엘니뇨 다음 해에 이어서 발생할 것으로 나타났습니다. 즉, 무지막지한 홍수가 난 다음해에 지독한 가뭄이 드는 식의 일이 10년에 한 번 꼴로 나타난다는 뜻이지요.[3]

전 지구적 사막화

전 세계에서 사막화가 진행 중입니다. 해마다 600만 헥타르가 사막으로 변하고 있다고 합니다. 지난 40년간 약 2400만 명이 사막화로 고향을 등졌습니다. 몽골은 면적의 90퍼센트, 중국은 45퍼센트가 황폐화되었으며, 미국은 국토의 30퍼센트, 스페인은 국토의 20퍼센트가 이미 사막이거나 사막화가 진행되고 있습니다. 알제리는 가뭄으로 오아시스가 고갈했으며 국토 면적의 1퍼센트만이 산림으로 덮혀 있습니다.

---

3 「[취재파일] 온난화…강력한 엘니뇨·라니냐 두 배 늘어난다」, SBS, 2015년 2월 6일. https://news.sbs.co.kr/news/endPage.do?news_id=N1002823887&plink=COPYPASTE&cooper=SBSNEWSEND

사막화의 원인은 여러 가지입니다. 가뭄 때문일 수도 있고, 높은 산의 근처에서는 산을 넘어온 건조한 바람이 땅을 황폐하게 만들기도 하지요. 그러나 유엔 사막화방지 협약UNCCD의 보고서에 따르면 사막화의 78퍼센트가 인간의 활동에 의한 것입니다. 중국 북서부의 사막화는 땔감을 얻기 위한 벌채·개간, 과도한 방목 등이 원인으로 지목받고 있습니다. 몽골의 경우는 지구온난화가 원인입니다. 지난 60년간 세계 평균기온이 0.7도 상승하는 동안 몽골은 2.1도나 올랐습니다. 1990년대 몽골의 사막 면적은 국토의 40퍼센트였으나, 지금은 78퍼센트까지 확대되었습니다. 사막화가 진행되면 지표면의 태양에너지 반사율이 증가하고, 이에 따라 지표가 냉각되어 건조한 하강기류가 형성되며 강우량이 감소해 사막화는 더욱 빠른 속도로 진행됩니다.

유엔과 세계 각국은 1994년 사막화방지 협약을 맺고 사막화를 막기 위한 국제 협력을 도모해 나가기로 했습니다. 이후 2015년 유엔 사막화방지 제12차 당사자총회에서는 지속가능 개발 목표에 지속가능한 산림 관리를 포함하여 토지 복원에 노력하기로 합의했지요. 그러나 과학 학술지 『네이처』에서 지난 20년간의 사막화방지 노력에 F학점을 줄 정도로 각국의 참여는 적극적이지 못한 상황입니다.

2018년 1월 서울대 지구환경과학부 허창회 교수팀은 전 세계 지표면의 사막화 진행과 변화를 정량적으로 예측 분석한 논문을 『네이처 기후변화』 온라인판에 게재했습니다. 이에 따르면 지구 온도가 산업혁명 이전보다 2.0도 상승할 때, 전 세계 지표면의 24~35퍼센트가 건조화로 극심한 피해를 볼 것으로 예상됩니다. 또한 연구팀은 세계 인구의 18~26퍼센트가 건조화의 영향을 받을 것으로도 예측했습니다. 특히 남부 유럽과 중남미, 남아프리카, 호주, 중국 남부 등에서 심각한 문제가 될 것으로 분석했지요. 반면 지구 평균기온 상승을 1.5도 이내로 막으면, 사막화와 건조화가 나타나는 지역과 그 피해를 입을 인구수를 2.0도 상승의 3분의 1 이하로 줄일 수 있다고 예측합니다. 허창회 교수는 남부 유럽지역의 경우 기온 상승을 1.5도 이하로 묶더라도 건조화와 사막화의 피해를 벗어날 수 없을 것이고 중국 남부도 기후변화가 지속되면 수자원 사정이 크게 나빠질 것이라고 말했습니다.[4]

---

4 「국내 연구진, 온난화가 사막화에 미치는 영향 예측해냈다」, 『중앙일보』, 2018년 1월 2일. https://news.joins.com/article/22250621

태풍의 빈발

우리나라 늦여름에서 가을 사이에 주로 영향을 주는 태풍은 열대 바다에서 만들어집니다. 지구온난화는 이 태풍의 발생 빈도를 높이고 더 강하게 할 것으로 예측됩니다. 북태평양에서 형성된 태풍은 주로 동남아에서 중국, 한국과 일본 등으로 향합니다. 남태평양에서 만들어진 태풍은 뉴질랜드나 오스트레일리아, 파푸아뉴기니로 향하지요. 대서양의 태풍은 미국이나 멕시코 등의 중앙아메리카 지역으로, 인도양의 태풍은 인도나 방글라데시, 스리랑카, 인도차이나반도 서해안 등으로 향합니다.

　태풍이 만들어지는 과정을 살펴보지요. 봄에서 가을 사이 열대의 바다에 강한 햇빛이 지속적으로 내려쬐면 바닷물이 증발하여 수증기가 됩니다. 그리고 수온도 오르지요. 수온이 오르면 바닷물 근처의 기온도 오릅니다. 온도가 올라간 공기덩어리는 부피가 커지면서 밀도가 작아져 위쪽으로 상승합니다. 보통 이런 공기덩어리는 위로 올라가면서 팽창하고 그 과정에서 온도가 내려가 일정한 높이에서 멈춥니다. 흔히 온대지방에서 나타나는 저기압이 이렇게 형성되지요.

하지만 수증기가 풍부한 열대 바다의 공기는 위로 올라가면서 온도가 아주 조금만 내려가도 수증기가 물방울로 액화합니다. 그리고 기체가 액체가 될 때는 액화열이라는 열을 내놓습니다. 따라서 열대지방의 저기압에선 수증기가 액화되며 내놓는 열 때문에 공기의 온도가 쉽게 내려가지 않습니다. 따라서 공기는 계속 상승하지요. 밑에선 계속 바닷물이 증발하면서 수증기를 공급하니 이 상승기류는 기세가 꺾이질 않고 성층권과의 경계까지 올라갑니다. 이렇게 공기가 상승하면 밑쪽에 공기 밀도가 낮아지고, 따라서 주변에서 기류의 중심을 향해 바람이 불게 됩니다. 상승기류가 강할수록 이 바람이 더욱 거세지는데, 그 속도가 초당 17미터를 넘으면 태풍이 됩니다.

북태평양의 태풍은 보통 이렇게 필리핀이나 괌 주변의 열대 해상에서 생겨납니다. 그리고 무역풍의 영향을 받아 서쪽으로 가면서 점차 고위도로 향하지요. 위도 20~30도 부근까지 올라오면 이제 편서풍의 영향을 받아 다시 동쪽으로 휘면서 북상하게 됩니다. 전체적으로는 시계방향으로 움직이는 것이지요. 이때 북태평양 고기압이나 기타 지형적 영향을 받아 그 경로가 조금씩 바뀝니다. 보통 봄에는 주로 동남아 쪽으로 향하지만 가을로 갈수록 고위도로 진로를 바꿉니다. 그래서 비교적 고위도에 속하는 우리나라나 일본은 주로 8~9월 사이에 태풍의 피해가 집중되는 경향이 있습니다.

태풍은 열대지방의 기온과 지나가는 바다의 수온에 의해 그 크기와 세기가 대략적으로 정해집니다. 그래서 7~8월 바다의 수온이 높을 때 그 위력이 비교적 강하고 봄이나 가을이 되면 약해지지요. 그리고 수온이 낮은 고위도의 바다를 지나면서 다시 열대성 저기압으로 세력이 약해지는 경우도 많습니다. 그래서 우리나라는 8월 태풍이 피해를 많이 입었고, 9월 이후에는 가끔 큰 태풍이 오긴 했지만 대부분 그 위력이 약하고 피해도 적었습니다.

그런데 지구온난화가 이런 태풍의 발생 빈도와 강도에 변화를 주고 있다는 연구결과가 나왔습니다. 앞서 설명한 대로 태풍은 따뜻한 바다를 지나가면서 수증기를 얻어 그 세력을 키우는데, 열대지역을 지나 고위도로 올라오게 되면 수온이 낮아져 차츰 약해지는 것이 보통입니다. 그러나 지구온난화로 인해 온대지역의 해수 온도가 이전보다 높아지니, 태풍도 세력이 약해지기보다 오히려 더 강해지는 효과가 나타나는 것이지요. 그래서 여름의 태풍은 그 세력과 강도가 더 세집니다. 그리고 이전에는 태풍이 잘 발생하지 않는 10월에도 해수면의 온도가 내려가지 않으니 태풍이 발생하게 됩니다. 그리고 해수의 온도가 이렇게 높게 유지되면 태풍이 발생하는 빈도도 높아집니다. 그래서 예전보다 더 긴 기간 동안, 더 많은 태풍이, 더 강하게 발생할 것으로 예측되지요. 2019년 우리나라는 처음으로 9월에 태풍을 세 번이나 맞이합니다. 1951년 태풍 관측을 시작한 이래 최초이지요. 미국도 21세기 들어 더욱 강력한 허리케인이 빈발하여 그 피해가 늘어나고 있습니다.

미국 퍼시픽 노스웨스트 국립연구소가 2018년 5월 『지구물리학 연구지Geophysical Research Letters』에 발표한 바에 따르면, 최근 허리케인은 30년 전에 비해 시속 20킬로미터가량 풍속 증가폭이 더 커졌습니다. 연구진은 이렇게 풍속이 빨라지는 이유가 해수면 온도 변화 때문이라고 주장합니다. 즉, 해수 표면의 온도가 올라가면서 허리케인의 풍속이 더 빨라진다는 것이지요. 이렇게 풍속은 빨라졌지만, 거꾸로 이동속도는 더 느려졌습니다. 미국해양대기청NOAA 국립환경정보센터 연구원 제임스 코신은 지구 기온이 0.5도 증가함에 따라 태풍의 이동속도가 10퍼센트 가량 느려졌다고 밝혔습니다. 특히 한반도가 속한 북태평양 지역에서의 이동속도는 약 20퍼센트 느려졌다고 합니다. 바람의 속도는 빠르지만 태풍의 이동속도가 느려지면서 피해 규모는 더 커졌습니다. 결국 지금처럼 지구온난화가 지속되면 한반도를 비롯하여 전 세계에 영향을 미치는 태풍의 강도는 세지고 빈도도 높아지면서, 우리는 더 큰 피해를 겪을 수밖에 없습니다.[5]

---

5 「[Science&] 지구 온난화에 화난 태풍 더 거칠어진다」, 『매일경제』, 2018년 7월 6일. https://www.mk.co.kr/news/it/view/2018/07/427455/

마지막 0.5도, 임박한 파국

바다가 흡수하지 못하는 이산화탄소

지금 인류가 내놓고 있는 이산화탄소 양에 비해 대기 중의 이산화탄소 농도는 생각보다 낮습니다. 이유는 이산화탄소를 흡수하는 곳이 있기 때문이지요. 바로 바다입니다. 원래 이산화탄소 같은 기체는 많이는 아니지만 조금씩은 물에 녹습니다. 하지만 곧 바다도 포화상태가 되지요. 우리가 마시는 콜라나 사이다, 맥주, 탄산수 등에는 이산화탄소가 녹아 있는데, 이 정도로 녹으려면 높은 압력을 가해줘야 합니다. 콜라 캔이나 페트병의 밑바닥을 주의깊게 살펴본 적이 있나요? 탄산음료를 담은 병은 그 높은 압력을 버티기 위해 밑바닥이 동그랗게 안쪽으로 솟아올라 있습니다. 압력이 낮으면 녹을 수 있는 이산화탄소의 양은 아주 적지요.

하지만 바다에는 이산화탄소를 흡수하는 다른 시스템이 있습니다. 육지에서 바다로 다양한 물질이 흘러 들어가는데 그중에는 칼슘도 있습니다. 원래 지각에 많이 분포하는 원소들 중 하나이니까요. 바다에서 칼슘은 플러스 이온(Ca^{2+})이 됩니다. 이산화탄소는 물에 녹으면 마이너스를 띠는 탄산이온(CO_3^{2-})이 되고요. 이 둘이 만나면 탄산칼슘($CaCO_3$)이 되는데, 탄산칼슘은 물에 녹지 않고 바다에 가라앉습니다. 원래 탄산이온은 물에 녹을 수 있는 양이 한정되어 있지만, 이렇게 탄산칼슘이 되어 가라앉으면 그만큼 또 이산화탄소가 녹아 다시 탄산이 됩니다.

그리고 이와 비슷한 과정으로 생물들 또한 이산화탄소를 흡수하는 데에 큰 역할을 합니다. 게나 새우, 산호, 플랑크톤 등이 자신을 보호하기 위해 탄산칼슘으로 된 껍데기를 만드는데, 여기서 추가로 이산화탄소가 흡수·저장되지요. 지금 우리가 사용하는 석회석이나 대리석 등이 모두 이런 생물들의 유해가 바다 밑바닥에 가라앉았다가 눌리고 다져져서 만들어진 것입니다.

바다에서 이산화탄소를 흡수하는 또 다른 일은 광합성을

하는 조류와 세균에 의해서 이루어집니다. 이들은 물속에 녹아 있는 이산화탄소를 흡수하여 광합성을 합니다. 이들이 바닷속의 이산화탄소를 흡수하면 또 그만큼 바다가 대기 중의 이산화탄소를 흡수할 여력이 생기지요. 하천과 호수, 습지의 조류와 세균들도 역할을 합니다. 엽록체를 가지고 있지는 않지만 엽록체의 선조쯤 되는 시아노박테리아가 이산화탄소를 흡수합니다. 이런 과정을 거쳐, 인류가 내놓은 이산화탄소가 끊임없이 바다로 흡수되기 때문에 '인간 활동에 의한 지구온난화'의 속도가 늦춰지고 있습니다.

하지만 바다의 이산화탄소 흡수량에도 한계가 있습니다. 이산화탄소를 생물들이 이렇게까지 열심히 흡수해줘도 집어넣는 양이 많아지면 포화상태에 도달하지요. 바닷속 이산화탄소 농도가 높아지면 먼저 게나 새우의 껍데기가 녹는 현상이 나타납니다. 마치 석회동굴이 생기는 것과 같은 이치입니다. 이산화탄소 농도가 낮을 때는 칼슘이 이산화탄소와 만나 탄산칼슘을 만듭니다. 물에 녹지 않고 딱딱한 고체가 되지요. 그런데 이산화탄소의 농도가 더 높아지면 이제 탄산칼슘($CaCO_3$)이 이산화탄소가 녹은 물(HCO_3^-)과 만나 탄산수소칼슘($Ca(HCO_3)_2$)이 됩니다. 이 탄산수소칼슘은 이온화되어 물에 녹지요. 이런 원리로, 탄산칼슘으로 된

지하 석회석이 이산화탄소가 함유된 물에 녹아 탄산수소칼슘이 되면서 석회동굴이 형성됩니다. 그리고 마찬가지로 게나 새우의 껍데기도 탄산칼슘으로 이루어져 있으니 바다의 이산화탄소 농도가 높아지면 녹아버리지요.

북극 부근의 바다에서 새우의 껍데기가 녹는 현상이 실제로 목격되고 있습니다. 왜 북극이냐고요? 남극과 북극처럼 바닷물이 차가우면 기체가 더 많이 녹을 수 있기 때문입니다. 콜라나 사이다도 차가울 때 맛있지 미지근하면 김이 다 빠져서 맛이 없어지는 것과 마찬가지입니다. 전 세계 바다 중에서 이산화탄소 포집의 효율이 가장 높은 곳이 극지의 바다입니다. 그래서 이곳에서 먼저 탄산칼슘이 녹는 현상이 목격되는 것입니다.

이제 바다의 이산화탄소의 농도가 점점 더 높아지면 탄산수소이온(HCO_3^-)이 늘어나면서 바다가 산성화됩니다. 그리고 이러한 산성화는 극지방에서 점차 적도 쪽으로 확산될 것입니다. 가장 큰 타격은 산호의 백화현상으로 나타납니다. 산호도 탄산칼슘으로 이루어져 있는데 바닷속 이산화탄소 농도가 높아지면 이 산호가 녹아버리는 것이지요. 그렇게 되면 산호에 기대어 살고 있는 수많은 해양 생물도 자연히 사라지게 됩니다. 우리나라 남해안의 바다가 바로 지금 그런 현상을 겪고 있습니다.

산호는 해양생태계의 핵심 요소입니다. 산호가 파괴되면 해양생태계 전체가 아주 심각한 상태에 빠지죠. 해양생태계가 파괴되면 바다의 이산화탄소 흡수율도 떨어지고, 마침내 포화상태에 이르면 정말 큰일이 납니다. 우리가 이산화탄소를 내놓는 양을 어찌어찌 줄여도 바다가 흡수하던 양만큼 줄이지 못하면, 결국 대기 중 이산화탄소 농도는 계속 높아질 수밖에 없고 지구온난화는 점점 가속화될 것입니다.

세계가 불탄다

원래 대기 중에 이산화탄소 농도가 높아지고 산소 농도가 낮아지면 산불이 일어날 확률이 그만큼 줄어듭니다. 하지만 지금처럼 이산화탄소 농도가 높아지는 동시에 기온도 상승하면 말이 달라집니다. 높은 온도는 산불이 나기에 좋은 조건이기 때문이지요. 그리고 기후변화에 따라 건조한 지역도 늘어갑니다. 기온이 높아지고 건조해지면 자연발화에 의한 산불이 당연히 늘어날 수밖에 없습니다. 2018년 아마존과 아프리카에서 일어난 대규모 산불은 바로 이러한 현실을 적나라하게 보여줍니다. 특히나 열대우림의 산불이 문제가 되는 이유는 '되돌릴 수 없기' 때문입니다.

열대우림의 토양은 척박합니다. 이미 모든 양분을 거대한 우림에 빼앗긴 상태지요. 그래도 땅에 떨어진 나뭇잎, 꺾인 가지, 고사목, 동물들의 분뇨와 사체 등이 분해되면서 어떻게든 나무에 필요한 양분을 제공합니다. 또 고온다습한 열대우림에서는 매일 엄청난 양의 수증기가 배출됩니다. 체온을 유지하고 뿌리로부터 물을 흡수하기 위해 식물 스스로 잎의 기공을 열고 수증기를 내놓습니다. 이미 거의 포화상태인 열대우림의 대기는 곧바로 이 수증기를 물로 액화시키고, 이렇게 액화된 물방울들은 거대한 구름을 만듭니다. 그래서 열대우림에서는 거의 매일 비가 내립니다. 그리고 이 빗물이 땅에 떨어지면 나무는 뿌리로 다시 빗물을 흡수합니다. 즉, 생태계가 자신에게 필요한 물을 스스로 공급하는 시스템입니다. 우기와 건기의 차이는 이렇게 매일 오는 비 외에 또 다른 비가 내리느냐 아니냐의 차이일 뿐입니다.

그런데 이런 열대우림이 산불로 타버리면, 남은 척박한 토양에 다시 거대한 열대우림이 들어서지 못합니다. 비도 열대우림이 만든 산물이니 이전 보다 적게 내립니다. 열대우림이 사라진 곳에는 건조한 사바나 초원이 들어설 뿐입니다. 지금 지구에는 세 군데의 거대한 열대우림이 있습니다. 아프리카 중부 콩고를 중심으로 한 열대우림과 동남아시아 그리고 아마존입니다. 그중 아마존에서만 약 3700억 톤의 이산화탄소를 만들 수 있는 탄소를 저장하고 있습니다. 그리고 우리가 지구 온도 상승을 1.5도 이내로 막기 위해 허용 가능한 이산화탄소의 양은 많이 잡아야 6000억 톤이 안 됩니다. 아마존과 아프리카 열대우림의 거대한 산불이 위험한 이유입니다.

그런데 문제는 지구온난화에 의해 인간이 저지르는 산불 말고도 자연적인 산불이 계속 증가하고 있다는 점입니다. 〈그림 4〉의 그래프는 미국의 산불이 1985년부터 현재까지 꾸준히 증가하고 있음을 보여줍니다. 기온이 상승하면 겨울철 산이 건조해져 땅의 습기가 적어집니다. 그리고 봄이 와 따뜻해지면 그나마 남아 있던 습기도 공기 중으로 증발해버리고 맙니다. 그래서 조그마한 불씨도 순식간에 대형 산불이 되는 거지요. 또한 기후변화로 인한 가뭄과 병충해 등으로 말라 죽은 나무가 증가하는 것도 산불의 원인입니다. 그런 고사목은 산불을 키우는 불쏘시개 역할을 하기

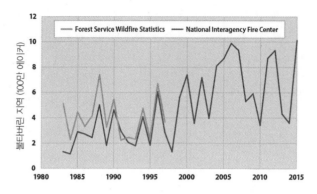

그림 4 1983~2015년 미국의 산불 발생 현황(1에이커=4047제곱미터)

때문입니다. 미국 캘리포니아주에는 무려 1억 2900만 그루에 달하는 고사목이 있다고 합니다.

겨울에 쌓인 눈이 지구온난화로 금방 녹아버리는 것도 문제가 됩니다. 미국 스크립스해양연구소에 따르면, 최근 들어 봄이 일찍 시작되면서 겨울에 쌓인 눈이 금방 녹아버려 건조화에 영향을 미치고 있습니다. 자연적인 산불의 가장 중요한 원인은 적도 지역과 극지방 사이의 온도 차이가 줄어들고 있는 현상입니다. 이는 지구온난화의 효과가 저위도 지역보다 고위도 지역에서 더 크기 때문에 나타나지요. 이렇게 온도차가 줄면 대기 순환이 느려집니다. 대기가 정체되면 건조한 지역에서 일어난 산불이 맹렬하게 계속

타오르게 됩니다.

각국의 산림청에서는 봄이나 가을철 등 건조한 시기를 산불조심기간으로 정하고 주의를 기울입니다. 미국 서부 산림지역의 경우 예전에는 그 기간이 30일 정도였으나 요즘에는 45일로 증가했고, 캐나다 앨버타주에서는 조심기간이 1개월 일찍 시작됐다고 합니다. 우리나라도 원래 대형 산불은 3~4월에 집중되었으나, 최근 들어 그 시기가 2~5월로 늘어나고 있습니다.[1]

산불은 먼저 나무에 저장된 탄소를 이산화탄소로 바꾸어 대기에 배출하고, 다시 토양에 축적된 탄소마저도 이산화탄소로 바꾸어 배출합니다. 우리가 더이상 열대우림을 파괴하지 않아도 지구온난화에 의해 저절로 산림지역이 파괴되면서, 지구는 스스로를 더욱 심각한 위기로 몰아갈 것입니다.

---

1 「부쩍 잦아진 산불, 주범은 기후변화?」, 『사이언스타임즈』, 2019년 1월 8일. https://www.sciencetimes.co.kr/?news=부쩍-잦아진-산불-주범은-기후변화

우리가 아는 해류는 대부분 표층해류입니다. 즉, 바다 표면에서 일어나는 물의 흐름이죠. 표층해류가 일어나는 원인은 크게 두 가지인데 하나는 바람이고 다른 하나는 지형입니다. 지구 자전에 의해 열대지역에서는 무역풍이 동에서 서쪽으로 그리고 북에서 남쪽으로 붑니다. 이에 따라 열대 주변 해역에서는 동에서 서로 흐르는 적도해류가 형성됩니다. 그중 하나가 태평양 적도 위쪽의 북적도해류입니다. 이 흐름이 서쪽으로 가다가 인도차이나반도와 말레이제도를 만나면 더 갈 곳이 없으니 북쪽을 향하게 됩니다. 이렇게 동남아에서 중국대륙 동해안을 따라 북상하는 해류를 쿠로시오해류라고 합니다. 한편 극지방에서는 역시 동쪽에서 서쪽으로 부는 극동풍의 영향으로 동에서 서로 흐르는 해류가 생기는데, 태평양 북부는 아주 좁은 지형이라 바로 러시아 동해안을 따라 내려오는 리만해류가 됩니다. 이 두 해류가 우리나라 동해안에서 만납니다. 계절에 따라 위아래는 있지만 대략 강릉에서 포항에 이르는 해안이 이 둘이 만나는 곳이었습니다. 두 해류가 만나는 지점에서 다양한 현상이 일어나며, 동해안은 이를 연구하기에 좋은 지역이기도 합니다.

　그런데 지구온난화의 영향으로 해류의 흐름이 조금 달라
졌습니다. 지난 세기 동안 동해안의 온도가 약 0.5도 상승
했고, 이로 인해 남쪽에서 올라오는 해류가 조금 더 강해졌
습니다. 북에서 남으로 내려오는 한류는 반대로 조금 약해
졌지요. 그래서 만나는 지점이 우리나라 강원도 정도가 아
니라 더 위쪽으로 북상하게 되었습니다. 이는 어업에도 커
다란 영향을 끼칩니다. 이전에 우리나라에서 가장 많이 잡
히던 명태는 1970년대만 해도 연간 최대 5만 톤이나 잡혔
지만, 2010년대 들어서는 1~9톤으로 확 줄어 씨가 말라버
렸지요. 반대로 고등어는 3만 톤에서 21만 톤으로 대폭 늘
어 우리 밥상의 '국민생선' 자리를 대체했습니다.[2]

　게다가 우리나라 전 해안을 따라 아열대성 해양 생물들
이 출현하기 시작했습니다. 따뜻한 곳에서만 자라는 산호
도 예전에는 제주도 남단에서만 주로 발견되었는데, 이제
는 남해안에서도 제법 눈에 띕니다. 독성을 지닌 아열대성
생물인 노무라입깃해파리에 의한 사고도 이전보다 잦아졌

---

2 「조기→명태→고등어…더위먹은 바다가 '국민생선' 바꾼다」, 『한겨레』,
　2019년 10월 30일. http://www.hani.co.kr/arti/economy/consum-
　er/915239.html

습니다. 단 0.5도의 변화 때문이라니 믿기지 않을 수도 있습니다. 그러나 동해 전체의 연평균 수온이 변한 것임을 생각하면, 이는 작지 않은 변화입니다. 그리고 쿠로시오해류만을 따지면 수온의 변화는 조금 더 커집니다.

해양생태계는 이런 변화에 대단히 민감할 수밖에 없습니다. 그 이유 중 하나는 생물들이 물과 직접 접촉하기 때문입니다. 예를 들어 우리는 기온 100도에 가까운 사우나에서 버틸 수 있지만 단지 수온 60도 정도의 물에도 화상을 입습니다. 공기는 온도가 높아도 전달할 수 있는 열에너지의 양이 작은 반면 물은 더 많은 에너지를 전달할 수 있기 때문이지요. 마찬가지로 해양 생물은 바닷물에 온몸을 접하고 있다 보니, 아주 작은 온도의 변화도 주고받는 열에너지로 보면 대단히 영향이 클 수밖에 없습니다.

표층해류도 수온의 변화에 큰 영향을 받지만. 더 중요한 것은 열염순환입니다. 열염순환은 밀도차에 의한 해류의 순환을 말하며, 또 다르게는 심층순환 혹은 대순환이라고도 합니다. 심층순환이라는 이름은 이 순환이 바다 밑 깊은 곳의 순환이기 때문이고, 대순환이라는 것은 대서양과 인도양, 태평양의 거의 전 해역을 도는 아주 큰 순환이기 때문입니다. 표층순환도 사실 심층순환의 영향을 아주 크게

그림 5 열염순환(짙은 경로는 심층수, 옅은 경로는 표층수의 흐름)

받고 있습니다.

열염순환은 북극해에서 시작합니다. 북극해의 겨울 날씨가 추워지면 수면의 물이 얼기 시작합니다. 물은 얼 때 포함하고 있던 다양한 무기물을 내놓고 자기들끼리 결정을 만드는 경향이 있습니다. 집에서 소금물을 얼려보면 확인할 수 있습니다. 반쯤 얼었을 때 맛을 보면, 얼음에선 짠맛이 느껴지지 않고 아직 얼지 않은 물에선 짠맛이 증가한 것을 볼 수 있습니다. 마찬가지의 변화가 북극해에서 일어납니다. 해수면에서 얼음이 얼면서 그 속에 포함되어 있던 염화나트륨 등의 무기물이 나머지 아직 얼지 않은 바닷물로 밀려나옵니다. 그렇지 않아도 아주 차가워서 밀도가 크던 바닷물이 무기물에 의해 더 무거워집니다. 이렇게 밀도가 커진 바닷물은 아래로 가라앉았다가, 해저 바닥에 닿으면 이제 남쪽으로 흐르기 시작합니다. 이 흐름은 대서양을 남북으로 관통하여 남극해 부근까지 이르고 다시 인도양과 태평양으로 이어집니다. 최종적으로 이 흐름은 인도양과 태평양의 적도 부근에서 다시 용승하여 수면으로 올라와 표층순환과 연결됩니다. 이 과정은 보통 2000년 정도의 주기로 이루어집니다.

왜 이 흐름이 중요하냐면 유럽을 비롯한 여러 대륙의 기후를 결정하기 때문입니다. 북극의 바닷물이 가라앉으면 평형을 유지하기 위해 다른 바닷물 표층이 북극으로 흘러들어가는데, 이 영향을 가장 많이 받는 것이 멕시코만류입니다. 우리나라 동해안에서 보듯이, 보통 열대지방에서 시작된 난류와 극지방에서 시작된 한류는 중위도 지역에서 만나게 됩니다. 하지만 대서양 동쪽 바다에선 북극해의 침강에 의해 멕시코만에서 발생한 난류가 영국과 독일을 지나 북해로까지 이어집니다. 이 따뜻한 바닷물 덕분에 유럽은 고위도인데도 날씨가 따뜻합니다. 지도를 놓고 비교해보면 분명해집니다. 독일의 위도는 러시아의 캄차카반도와 거의 비슷합니다. 하지만 멕시코만류의 영향으로 평균기온은 그보다 훨씬 높습니다. 노르웨이와 그린란드를 비교해봐도 그 차이가 확연히 드러납니다. 노르웨이는 1년 내내 섬 대부분이 얼음으로 덮인 그린란드와 실상 같은 위도에 속하지만, 기온은 여름에 최대 25도 이상 오르기도 합니다. 멕시코만류 덕분입니다. 또한 이 해류에 의해 북극해 부근은 더 차가워지지 않게 유지됩니다. 북극이 남극보다 평균기온이 높은 이유입니다.

해저 깊숙이 흐르는 심층순환류는 열대 바다에서 솟아오릅니다. 차가운 바닷물이 용승하기 때문에 열대지역은 더 뜨거워지지 않습니다. 또한 인도양이나 태평양 열대 바다 중 대륙에 가까운 곳에서 용승하는 바닷물은 풍부한 무기질 성분을 가지고 있어 거대한 어장을 형성하기도 합니다.

이 열염순환에 문제가 생기면 심각한 일이 발생합니다. 우리나라 동해안에서처럼 단순히 잡히는 생선의 종류가 바뀌는 걸 넘어 전 세계적으로 해류 교란이 생깁니다. 이런 시나리오입니다. 우선 지구온난화에 의해 북극의 온도가 조금 높아집니다. 겨울철 온도가 높아지면 북극해에서 물이 얼어붙는 양이 줄어듭니다. 이렇게 결빙이 줄어들면 내놓는 무기물의 양이 줄고, 따라서 남아 있는 해수의 밀도가 높아지지 않습니다. 밀도가 높지 않은 바닷물은 가라앉지 않습니다. 바닷물이 가라앉지 않으니 멕시코만류를 끌어들일 수가 없지요. 멕시코만류가 프랑스나 스페인 부근에서 더이상 올라갈 힘을 잃어버리게 됩니다. 그러면 이제 북유럽에 사달이 납니다. 노르웨이와 스웨덴, 덴마크, 독일, 그리고 영국까지 영향을 받습니다. 고산 지역에선 빙하가 늘어나고 영구동토층이 확장되며 일종의 빙하기가 찾아올 수 있습니다.

이런 시나리오로 만들어진 영화가 〈투모로우〉입니다. 영화에서는 지구온난화에 의해 북극에서 이상기후가 발생합니다. 제트기류가 약해지면서 북극해의 차가운 공기가 북미 전체에 급속도로 빠르게 밀어닥칩니다. 캐나다와 미국 동부·중부에 한파가 닥치고 온통 얼어붙습니다. 미국인들은 한파를 피해 남으로 남으로 내려오다 결국 멕시코로 대피합니다. 미국 정부는 상당한 대가를 치루고 멕시코와 협상하여 기후난민을 수용하게 합니다.

물론 영화에서처럼 아주 급박하게 나타나지는 않지만, 열염순환이 어긋나버리면 이런 사태가 일어날 수 있다는 것은 사실입니다. 미국과 유럽만의 문제가 아닙니다. 열염순환이 어긋나면 열대지역의 바닷물 용승이 사라질 수 있으며, 그러면 기온이 더 올라갑니다. 또한 열대지역의 표층순환도 혼란을 겪게 됩니다. 열염순환은 심층으로만 연결된 것이 아니라 표층순환과 머리와 꼬리를 맞대며 이어지는 순환이기 때문입니다. 이 순환의 한쪽 끝이 문제가 생기면 필연적으로 전 세계 해류에 그 영향이 나타나지요.

런던은 안개로 유명한 도시지요. 멕시코만류 때문입니다. 캘리포니아주의 샌프란시스코나 로스엔젤레스는 우리나라와 비교하여 계절에 따른 기온 변화가 아주 적습니다. 이유는 미국 서해안을 타고 내려오는 한류인 캘리포니아해류 때문입니다. 우리나라가 여름에 덥고 겨울에 추운 이유도 해류의 영향이 큽니다. 이렇게 해류는 주변 지역의 기후에도 결정적인 영향을 미칩니다. 해류가 변하면 기후도 연달아 바뀌게 되고 인간의 삶과 생태계도 혼란을 겪을 수밖에 없습니다.

툰드라와 심해의 메탄

영구동토층, 즉 툰드라는 말 그대로 얼어붙은 땅입니다. 주로 북극권에 위치하는데 북반구의 노출된 토양의 24퍼센트를 차지합니다. 러시아의 시베리아 지역과 캐나다 북부,

그리고 북유럽 및 그린란드의 일부가 해당됩니다. 물론 영구동토층이라고 전체가 얼어있는 것은 아닙니다. 짧은 여름이 되면 표면의 일부가 녹기도 하지요. 그리고 그곳에서 빠르게 식물들이 자라고, 꽃을 피우고, 열매를 맺습니다. 식물이 자라면 순록이나 기타 다양한 동물들도 하나둘 찾아옵니다. 그곳에서 풀을 먹고, 사냥을 하고, 사랑을 나누지요. 그리고 그 결실들은 다시 겨울이 오면 얼어붙어버립니다. 이렇게 영구동토층에는 동식물의 사체와 기타 유기물질들이 쌓이고 쌓이며, 이들은 분해되지도 못하고 땅속에 묻힙니다.

이렇게 영구동토층에 묻혀 있는 유기물 형태의 탄소가 약 1672억 톤에 이릅니다. 환경에 관한 유엔의 활동을 조정하는 기구인 유엔환경계획UNEP은 영구동토층이 모두 녹을 경우 빠져나올 메탄과 이산화탄소 등의 온실가스가 2100년까지 최소 43억 톤에서 최대 135억 톤에 이를 것으로 내다봤습니다. 2200년까지는 246억 톤에서 415억 톤에 이를 것으로 보입니다.[3] 방출되는 온실가스 중 상당수

3 「"영구동토층까지 녹으면 최악의 재앙"」, 『한겨레』, 2012년 12월 3일.
http://www.hani.co.kr/arti/society/environment/563600.html

는 메탄입니다. 메탄은 이산화탄소보다 온실효과가 20배 이상 크지요.

문제는 이 영구동토층이 지구온난화로 점점 녹고 있다는 것입니다. 미국 알래스카대학교 페어뱅크스캠퍼스 연구팀은 애초 예상보다 70년이나 빨리 녹고 있다고 분석했습니다. 이들이 북극의 영구동토층을 답사한 결과, 지하 암석이나 토양에 생겨나는 얼음인 토빙土氷이 녹아 함몰된 곳에 물이 고여 만들어진 연못(열카르스트)이 여기저기서 발견되었습니다. 초목이 무성해지기 시작한 장소도 있었다고 합니다.[4]

지구온난화가 불러오는 영구동토층의 또 다른 재앙은 산불입니다. 영구동토층에서 불이 나면 그 아래 묻힌 이탄(석탄이 되기 전 상태의 물질)이 타게 되는데, 얼어붙은 이탄은 수분이 증발해서 불이 훨씬 잘 붙습니다. 나사의 위성사진으로 확인해보니, 2019년 6월에서 7월에 이르는 시기 동안 100년 이래 가장 큰 규모의 산불이 나서 시베리아에서만 남한 면적의 3분의 1에 해당하는 지역이 불에 타버렸습

---

4 「북극 영구동토층 예상보다 70년 빨리 녹아… 기후 위기 징후」, 『연합뉴스』, 2019년 6월 19일.
https://www.yna.co.kr/view/AKR20190619144200009

니다. 그 산불로 인한 연기가 몽골과 알래스카까지 퍼졌을 정도지요. 지구온난화가 진행되면서 여름의 영구동토층은 30도를 넘나들 정도로 기온이 높아졌고 여기에 번개가 치면서 자연발화한 산불이 쉽게 발생하게 됩니다.

심해에는 '메탄하이드레이트'라는 물질이 있습니다. 바다에는 온갖 생물이 사는데, 죽으면 그들의 사체가 밑바닥에 가라앉지요. 그리고 육지에서 바다로 흘러 들어가는 물에도 여러 가지 유기물이 포함되어 있는데, 이들도 최종적으로는 바다 밑바닥을 향합니다. 바다 밑바닥은 산소가 부족하다 보니 보통 혐기성 세균에 의해 사체와 기타 유기물이 분해되고, 이때 메탄이 발생합니다. 보통 축축한 습지에서도 사체가 분해될 때 이런 메탄이 나오지요. 앞서 이야기한 영구동토층에서도 그렇고, 동물의 내장 속에서 미생물에 의해 음식물이 분해될 때도 마찬가지로 메탄이 발생합니다. 산소가 풍부한 환경에서는 유기물이 분해될 때 이산화탄소가 발생하지만, 산소가 부족한 상황에서는 메탄이 나오는 것이지요.

이렇게 발생한 메탄은 일종의 응결핵이 됩니다. 해양의 대부분은 평균 수심이 3킬로미터가 넘는 심해저평원으로 이루어져 있고, 수심이 얕고 경사가 완만한 대륙붕은 경사

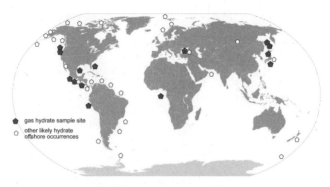

그림 6 1996년 미국지질조사국이 발표한 메탄하이드레이트 분포도

가 급격한 대륙사면으로 연결되어 심해저평원에 이르지요.
대륙사면의 수온은 평균 4도입니다. 일반적인 환경이라
면 바닷물이 액체 상태로 있겠지만, 수백에서 수천 킬로미
터 깊이의 사면에서는 수압이 최소 수십 기압에 이릅니다.
이런 압력에서 메탄과 물 분자는 서로 결합하여 메탄하이
드레이트라는 고체가 됩니다. 보통 수온 10도에서 76기압
정도면 메탄하이드레이트가 생성될 수 있지요. 이렇게 만
들어진 메탄하이드레이트 1리터에는 약 200리터의 메탄
가스가 포함되어 있습니다. 전 세계적으로 메탄하이드레이
트는 대륙과 해양의 경계에 주로 분포하는데, 이는 육지에
서 흘러들어간 유기물이 분해되는 과정에서 메탄하이드레

제3장 마지막 0.5도, 임박한 파국

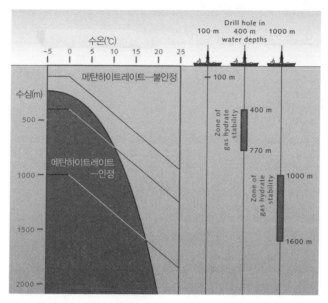

그림 7 메탄하이드레이트가 안정될 조건

이트가 만들어지기 때문입니다. 물론 극지방의 바다는 충분히 냉각되어 있기 때문에 깊지 않은 바다 위쪽에서도 메탄하이드레이트가 생성됩니다.

현재 전 세계 바다에 분포한 메탄하이드레이트의 매장량은 총 250조 세제곱미터에 이를 것으로 추정됩니다. 이양은 천연가스로 환산할 경우 인류가 200~500년 정도는 사용할 수 있는 수준이지요. 우리나라에는 독도 부근에

6~9억 톤 규모의 메탄하이드레이트가 묻혀 있다고 합니다. 천연가스로 치면 약 150조 원 정도의 가치가 있습니다.

그런데 이 메탄하이드레이트는 낮은 온도와 높은 압력 아래에서는 안정된 고체지만, 온도가 올라가면 급속히 녹으면서 메탄가스가 빠져나옵니다. 현재 북해에서 관찰된 바에 따르면, 심해의 지형을 바꿀 정도로 기화 속도가 매년 급증하고 있습니다. 지구온난화에 의해 수온이 높아졌기 때문이지요. 만약 수온이 3도 정도 상승한다면, 현재 전 세계 바다에 매장된 메탄 하이드레이트의 85퍼센트가 녹아 메탄이 방출될 수 있습니다. 여기서 우리는 이전 대멸종의 기억을 떠올리게 됩니다.

지구의 역사에는 다섯 번의 대멸종이 있었습니다. 당시 살던 생물종의 90퍼센트 이상이 멸종해버렸던 아주 가혹한 시기지요. 그중 가장 규모가 컸던 멸종 사건은 고생대 페름기 말과 중생대 트라이아스기 사이에 벌어진 페름기 말 대멸종(약 2억 5000만 년 전)이고, 두번째로 규모가 컸던 것이 중생대 트라이아스기 말과 쥐라기 사이에 있었던 트라이아스기 말 대멸종(약 2억 년 전)입니다. 두 멸종 사건은 상당히 유사한 진행과정을 보여줍니다.

페름기 말 대멸종은 시베리아 트랩(현무암질 용암 대지)에서의 대규모 화산 분출에서 시작됐습니다. 당시 시베리아 지역에서는 지금의 유럽 대륙보다 넓은 범위의 대규모 화산 분출이 일어났지요. 이때 분출된 용암이 굳은 지층이 무려 3킬로미터 두께로 쌓일 정도였습니다. 하지만 화산 폭발 때문에 전 세계 생물들이 다 죽은 것은 아닙니다. 멸종의 원인은 바로 화산 가스에 포함된 이산화탄소에 있습니다.

이 이산화탄소는 당시 지구의 온도를 높입니다. 전체 지구 온도가 높아지니 바다의 수온도 높아졌지요. 수온이 높아지면 기체의 용해도가 떨어집니다. 이산화탄소도 물에 잘 녹지 않게 됐지만, 더 중요하게는 바다의 산소 농도가 낮아졌습니다. 바다의 생물들이 산소가 모자라 죽어나가기 시작했지요. 그리고 해수의 온도가 올라가면서 당시 바다에 쌓여 있던 메탄하이드레이트에서 막대한 양의 메탄 가스가 대기 중으로 분출합니다. 앞서 이야기한 것처럼 메탄의 온실효과는 이산화탄소의 20배입니다. 따라서 대기의 온도가 더욱 올라갔지요. 높은 온도로 기후도 급격히 변하고 해류의 흐름도 달라집니다. 그리고 결정적으로 메탄(CH_4)은 공기 중에서 산소(O_2)와 결합하여 이산화탄소(CO_2)와 물(H_2O)로 바뀝니다. 이 과정에서 대기 중 산소의 농도가 거의 절반 가까이 감소했습니다. 세균을 제외하고 대부분의 생물은, 특히 동물은 산소 호흡을 통해 살아갑니다. 산소가 절반이 날라갔으니 호흡이 될 리 만무하지요. 대멸종이었습니다.[5]

트라이아스기 말 대멸종도 비슷한 과정을 거쳤습니다. 다만 시베리아 트랩의 폭발이 아니라 지금 대서양을 가로지르는 대서양 중앙해령에서 화산 분출이 일어난 것만 다르지요. 시작은 어찌되었든, 지구의 온도가 올라가고 메탄 하이드레이트가 분출하여 산소농도 감소로 이어진 대멸종이 발생했습니다.

기존의 대멸종은 어떤 결과를 낳았을까요? 지구 역사에 나타난 다섯 번의 대멸종은 참혹했습니다. 세균과 같은 원핵생물을 제외한 생태계의 전 영역에서 최소 70퍼센트 이상의 종이 사라졌습니다. 종이 사라진다는 것은 무슨 의미일까요? 가령 개가 멸종했다면, 이는 내가 사는 주변의 개만 사라진 것을 뜻하지 않습니다. 우리나라, 미국, 아프리카, 유럽 등 세계 모든 곳의 개가 사라졌다는 이야기지요. 결코 만만하게 볼 일이 아닌 것입니다. 이렇게 70퍼센트나

---

5 김시준·김현우·박재용 지음, EBS 미디어 기획, 『멸종: 생명진화의 끝과 시작』, MID, 2014년.

멸종했다는 건 나머지 30퍼센트라고 아무 피해가 없다는 뜻이 아닙니다.

예를 들어 우리나라의 열 배쯤 되는 아주 넓은 초원지대에 열 종류의 초식동물이 살고 있다고 가정해봅시다. 소, 말, 염소, 양, 큰사슴, 작은 사슴, 고라니, 코뿔소, 하마, 토끼가 각각 1만 마리 정도 서식하고 있었다면, 대멸종은 그중 일곱 종류가 다 죽어버리는 사태입니다. 그럼 만약 소, 고라니, 토끼 세 종이 다행히 멸종을 피했다면 이들은 온전할까요? 이들도 대충 9000마리나 9500마리 정도는 죽었는데 다행히 500~1000마리 정도가 운 좋게 살아남았다고 봐야 할 것입니다. 결국 총 10만 마리의 개체 중 3퍼센트밖에 안 되는 약 3000마리 정도만 살아남을 수 있었던 것이 대멸종 사건입니다. 그것도 한 나라가 아니라 지구 전체를 통틀어서 일어난 일이지요.

그런데 과학자들은 지금 지구 생태계에서 생물이 멸종하는 속도가 예전의 그 어떤 대멸종 사건보다 빠르다고 판단합니다. 비유적으로 하는 말이 아니라 실제로 '제6의 대멸종'이 진행되고 있는 것이지요. 멸종은 시작될 조짐을 보이는 정도가 아니라 이미 진행 중인 사건입니다. 게다가 그속도가 점점 빨라지고 있습니다. 지구온난화는 이 대멸종을 더욱 빠르게 완성시킬 것입니다.

지구온난화의 결과로 나타날 일들, 바다의 이산화탄소 포화, 더 잦아지고 커진 산불, 영구동토층의 해빙, 그리고 심해 메탄하이드레이트의 분출까지, 이렇게 이어지는 상황은 일단 시작되면 인간이 도저히 막을 방법이 없습니다. 그래서 지구가 더 뜨거워지는 것을 막는 임계온도를 설정하는 일이 중요합니다. 지구온난화는 지금도 진행 중이지만, 다행히 아직까지는 공기 중의 이산화탄소를 바다가 흡수하는 등의 음성 피드백을 통해 그 피해가 어느 정도 억제되고 있습니다. 하지만 임계점을 넘어버리는 순간, 자연은 이때까지의 음성 피드백을 중지하고 지속적으로 탄소를 대기 중으로 배출하여 그 결과 다시 기온이 올라가는 양성 피드백을 시작할 것입니다. 섭씨 1.5도, 바로 그 온도가 우리 눈앞에 있습니다.

산업부문에서의
이산화탄소 배출과 대책

제4장

성장과 위기 사이에서

지금의 기후위기를 극복하기 위해선 인류 활동의 모든 영역에서 최대한의 노력을 경주해야 합니다. 무엇보다도 이산화탄소를 가장 많이 배출하는 산업부문에서의 노력이 가장 중요하겠지요.

　우리나라 시민들의 환경에 대한 의식은 빠르게 변해왔습니다. 텀블러 가지고 다니기, 일회용품 쓰지 않기, 에코백 쓰기 등 다양한 노력이 그에 따라 이루어지고 있지요. 물론 이런 노력도 무의미하진 않지만 개인적인 노력에는 한계가 있습니다. 이산화탄소가 가장 많이 배출되는 곳은 우리들

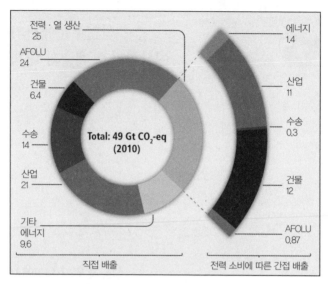

전력·열 생산
25

AFOLU
24

건물
6.4

수송
14

산업
21

기타
에너지
9.6

Total: 49 Gt CO₂-eq
(2010)

에너지
1.4

산업
11

수송
0.3

건물
12

AFOLU
0.87

직접 배출 | 전력 소비에 따른 간접 배출

그림 8 2010년 전 세계 부문별 온실가스 배출량 비율(%)

의 집이나 주변에 존재하지 않기 때문입니다.

세계 전체에서 산업부문별 온실가스 배출량 비중을 살펴
봅시다. 〈그림 8〉¹을 보면 직접적인 배출량은 발전부문(전
력·열 생산)이 25퍼센트를 차지하는데, 그중 산업부문의 간
접적인 배출이 11퍼센트입니다. 그리고 다시 직접적인 배

---

1 그림에서 CO2-eq(equivalent)는 배출되는 다양한 온실가스의 양을 온실효
과를 고려해 이산화탄소로 환산하여 더한 것입니다. 각각 온실가스 배출량에
지구온난화지수(GWP)를 곱해 계산합니다(이산화탄소=1, 메탄=21, 등등).

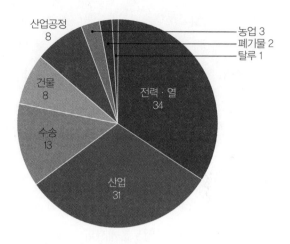

그림 9 2013년 국내 부문별 온실가스 배출량 비율(%)

출량을 보면 산업부문이 21퍼센트, 수송부문이 14퍼센트를 차지하지요. 그래프에서 24퍼센트를 차지하는 AFOLU는 Agriculture, Forestry, and Other Land Use의 약자로, 농업·산림 및 기타 토지 이용부문을 뜻합니다. 농업이 크게 발달하지 않은 우리나라에선 이 부문이 잘 드러나지 않습니다만, 전 세계적으로는 대부분 산림을 파괴하는 활동에 의해 온실가스가 배출되고 있습니다.

　우리나라의 온실가스 배출 상황은 어떨까요? 〈그림 9〉를 보면 전력·열 34퍼센트, 산업부문 31퍼센트, 수송부문

13퍼센트, 산업공정부문 8퍼센트로, 이 네 부문이 전체의 86퍼센트를 차지하지요. 수송부문에서도 꽤 많은 온실가스가 산업 제품을 수송하다가 배출되고, 발전부문에서도 만들어진 전력의 50퍼센트 이상이 산업용으로 사용됩니다. 결국 다른 어떤 분야에서 온실가스를 줄이더라도 산업부문에서 이산화탄소 발생량을 줄일 수 없다면 말짱 헛것이 된다는 이야기입니다. 기후위기는 단순히 우리가 텀블러를 들고 다닌다고 해결될 문제가 아닌 거죠.

우리나라는 특히 산업부문에서의 온실가스 배출 비중이 높은 국가입니다. 이유는 에너지 다소비 산업과 온실가스 배출 공정이 많은 산업의 비중이 다른 나라보다 높기 때문입니다. 뒤에 살펴볼 제철 산업, 시멘트 산업, 정유 및 화학 공업 등은 우리나라의 주축 산업들인데, 이들 모두 온실가스 배출량이 타 산업에 비해서 상당히 많습니다.

그런데 2016년 정부에서 발표한 「2030 국가 온실가스 감축 기본로드맵」에는 다음과 같이 적혀 있습니다.

온실가스 감축목표 이행과정에서 발생하는 산업계 부담을 완화하기 위한 보완조치로, 산업부문 감축률 12%를 초과하지 않도록 고려하여 국가 경제에 미치는 영향을 최소화하였다.

그리고 2018년 7월에 보완한 새 로드맵에서도, 산업부문의 온실가스 감축 비율은 20.5퍼센트로 다른 부분에 비해 낮습니다. 더구나 그 비율 중 상당 부분은 재생에너지 발전량 증가에 의한 것이어서 산업부문 자체의 감축분은 더 적은 수치입니다.[2]

왜 가장 중요한 산업부문에서의 감축률 목표가 이렇게 낮을까요? 물론 어쩔 수 없는 측면도 있습니다. 앞서 말한 것처럼 이미 우리나라 산업구조가 온실가스 배출량이 많도록 구성되어 있으니까요. 로드맵에서는 온실가스를 감축하려는 활동이 산업계에 부담을 가져올 수 있다고 설명하지요. 하지만 정말 대책이 없을까요? 아니면 정부가 기업의 논리에 휘둘리는 것은 아닐까요? 경제성장이라는 목표와 기후변화라는 전 지구적 위기 중에서 어느 것에 초점을 맞춰 대책을 세워야 할까요? 여러 산업 영역 중에서도 이산화탄소를 많이 배출하는 부문의 현황과 대책을 살펴보고 우리가 무엇을 고려해야 하는지 생각해봅시다.

---

2 「철강산업의 온실가스 배출--신화와 금기를 깨뜨리자」, 기후변화행동연구소, 2018년 9월 18일.
http://climateaction.re.kr/index.php?mid=news01&document_srl=175251

포스코는 우리나라를 대표하는 제철 회사입니다. 그런데 이 포스코가 만들어내는 이산화탄소 양이 어마어마하다는 것을 아시나요? 철은 자연상태에서 대부분 산소와 결합한 산화철로 존재합니다. 우리가 철을 사용하기 위해서는 이 산소와의 결합을 끊어내야 하지요. 구리의 경우 높은 온도로 가열해 녹이면 자연스레 산화구리에서 산소가 빠져나가기 때문에 문제가 덜한데, 산화철은 산소와의 결합이 대단히 강하기 때문에 그냥 철을 녹이는 것만으로는 힘듭니다. 그래서 코크스를 이용하지요. 코크스는 석탄을 가공해서 만들어진 순수한 탄소 덩어리입니다. 이 코크스가 산소와 결합하면서 자연스레 철은 환원이 됩니다. 반대로 산소를 얻은 코크스는 이산화탄소가 되고요. 그래서 포스코에서 한 해에 내놓는 이산화탄소 양이 어마어마한 거지요. 포스코뿐만 아니라 전 세계 제철업체가 대부분 비슷한 실정입니다.

화석연료로부터 배출되는 이산화탄소의 7~9퍼센트가 제철산업에서 나옵니다. 세계철강협회에 따르면 철강 1톤을 생산하는 데에 이산화탄소가 평균 1.83톤 배출됩니다.

그리고 산업 전체로 보면 제철 산업이 이산화탄소 배출량에서 차지하는 비중이 24퍼센트나 됩니다. 즉, 전 세계 산업의 이산화탄소 배출량 4분의 1이 제철 산업에서 나오는 것이지요. 더구나 세계 인구가 증가함에 따라 제철에 대한 수요는 계속 늘어납니다. 제철 산업에서 획기적으로 이산화탄소 배출량을 줄이는 것이 필수인 이유입니다.

제철 산업에서의 이산화탄소 절감 대책은 크게 두 가지로 나눌 수 있습니다. 하나는 환원제로 탄소가 주인 코크스 대신 다른 물질을 쓰고, 폐고철을 재활용하는 비율을 더 높이는 것입니다. 두번째는 발생하는 이산화탄소를 포집하여 저장하는 것이죠. 우선 폐고철은 전기로electric furnace에서 재활용되어 다시 철강으로 만들어집니다. 현재 전기로는 전체 철강의 4분의 1을 생산하고 있지요. 하지만 문제는 전기로가 이름처럼 전기를 무지막지하게 먹는다는 점입니다. 전기로의 전기 사용량은 10만 명 정도가 사는 도시의 전력 소비량에 버금갑니다. 대표적인 제철 회사인 현대제철이 우리나라 전기 사용량 1위인 것은 바로 이 때문입니다. 또 전기로에서 만든 제품의 품질이 용광로에서 생산한 것보다 떨어지는 단점도 있습니다.

현재 코크스를 대체할 환원제로 탄소 대신 수소를 사용

하는 연구가 이루어지고 있습니다. 스웨덴의 SSAB라는 철강회사가 2020년 완공을 목표로 수소를 이용한 제철 공장을 건설하고 있습니다. 포스코도 연구를 진행 중입니다. 그러나 문제는, 그렇다면 수소는 어떻게 얻을 것이냐 입니다. 물을 전기분해해서 수소를 얻는 것이 현재로선 가장 유력한 방안입니다. 그런데 전기로와 마찬가지로 여기에도 막대한 전기를 사용해야 하므로, 결국 전기생산 과정에서 신재생에너지 비율이 높아져야지만 이산화탄소 배출이 의미 있게 줄어들 것입니다. 전기를 얻는답시고 평소처럼 화석연료를 태워 이산화탄소를 배출시킨다면 밑 빠진 독에 물을 붓는 일이죠. 한편 탄소 대신 수소를 환원제로 사용하는 기술이 안정적으로 자리잡기 위해서는 꽤 오랜 시간이 걸릴 것이라는 예상도 있습니다.

인도의 타타 그룹이 보유한 독일 이유무이덴 제철소에서는 이산화탄소 배출과 에너지 소비를 5분의 1로 줄이는 프로젝트를 진행 중입니다. 타타는 철광석의 전처리 과정에서 몇 단계를 제거하고, 배출 가스의 포집과 저장 기술을 결합하면 이산화탄소 배출량을 80퍼센트까지 줄일 수 있을 것이라 전망하고 있지요. 하지만 기술적인 문제 때문에 2030년까지도 완전 상용화는 어렵다고 이야기합니다. 룩

셈부르크의 다국적 철강 회사인 아르셀로미탈은 미생물을 이용해 코크스에서 발생하는 일산화탄소를 바이오에탄올로 바꾸는 사업을 진행하고 있습니다.

이러한 다양한 노력이 정말로 효과가 있을지, 일부는 회의적으로 바라보기도 합니다. 지구온난화를 고려한 친환경 기술에 기업들이 섣불리 투자하기에는 기존의 공해를 일으키는 소재들이 훨씬 값싸기 때문이지요. 보스턴컨설팅그룹의 컨설턴트는 "철강산업은 세계가 똑같은 노력을 하지 않으면 심각한 무역 불균형을 낳는 산업 중 하나다. 이것이 국제적인 이산화탄소 감축 전망에서 당면한 가장 큰 딜레마"라고 평가합니다.[3]

시멘트 산업

시멘트 산업 또한 산업계에서 이산화탄소 배출량 2위라는 오명을 가지고 있습니다. 배출 비중의 18퍼센트를 차지하

---

3 「이산화탄소 배출 1위 철강산업의 딜레마」, 『한겨레』, 2019년 1월 7일. http://www.hani.co.kr/arti/science/science_general/877306.html

지요. 시멘트는 클링커라는 재료를 잘게 빻아서 만듭니다. 클링커는 석회석과 점토 등을 1400도로 가열할 때 화합되어 나오는 자갈 모양의 덩어리를 말합니다. 그런데 가열하는 데에 화석연료를 사용하기 때문에 이산화탄소가 배출되고, 또한 석회석 자체에 포함된 이산화탄소도 이 과정에서 나옵니다.

따라서 시멘트 산업에서 이산화탄소 배출량을 획기적으로 줄이려면 두 부분 모두 바뀌어야 합니다. 먼저 화석연료의 사용을 줄여야 하지요. 또한 제조 과정에서 클링커가 만들어지는 단계를 거치지 않거나 이 단계에서 발생하는 이산화탄소를 포집할 필요도 있습니다. 실제로 클링커 단계를 거치지 않는 '녹색 시멘트'가 이미 개발되어 나왔습니다. 하지만 이러한 저탄소 시멘트가 실제 건축 현장에서 이용되려면 정부의 지원이 필요하다는 지적이 나오지요. 영국 왕립국제문제연구소 에너지·환경·자원부 펠릭스 프레스턴 차장은 BBC와의 회견에서 "건축업계가 대체 재료를 더 널리 사용하는 단계에 접근한 것으로 믿고 있다"면서 "이는 시장 수요와 혁신적 기술, 기후변화에 대한 우려 등

이 복합적으로 작용한 결과"라고 분석했습니다.[4]

석유화학 산업

세번째로 이산화탄소를 많이 배출하는 업종은 석유화학 산업입니다. 석유화학 산업은 석유에서 추출된 탄소화합물 나프타로 다른 산업이 요구하는 다양한 제품의 원재료를 만들어 공급하는, 태생적으로 어쩔 수 없이 이산화탄소를 많이 배출하는 업종입니다. 원료에 있는 탄소 성분이 모두 제품으로 변환되지 않고 부생유나 부생가스, 폐가스 등의 부산물로 나오기 때문이지요. 이런 부산물은 연료로 사용되거나 소각되는데, 여기서 또다시 이산화탄소가 발생합니다. 그리고 생산된 제품 가운데서도 비료나 윤활유, 세제, 휘발성 유기용제 등은 수명이 짧아 단시간 내에 산화되어 이산화탄소가 배출됩니다. IPCC 1996년 가이드라인에 따르면, 나프타에 포함된 탄소 중 이산화탄소로 배출되

---

4 「'뜻밖의 CO2 유발원' 시멘트, 연간 22억톤 배출하며 8% 차지」, 『매일경제』, 2018년 12월 18일.
https://www.mk.co.kr/news/world/view/2018/12/786673/

는 비율은 약 25퍼센트입니다.[5] 즉, 원료의 4분의 1이 온실가스로 나오는 것이지요. 그러나 이는 전 세계적 평균 비율이고 국내 연구결과로는 박희천 교수의 논문이 있는데, 여기에는 나프타 탄소의 12퍼센트가 온실가스로 배출된다고 나와 있습니다.[6]

결국 석유화학 산업에서 배출되는 온실가스를 줄이기 위해서는 두 가지 방향의 노력이 필요합니다. 하나는 생산 과정에서 발생하는 온실가스를 줄이는 것입니다. 이를 위해선 이산화탄소 포집 시설을 확보하는 것과 함께, 발생하는 이산화탄소 자체의 양을 줄이는 일도 요구됩니다. 더 중요하게는 우리가 석유화학 제품의 사용을 줄여 생산량 자체를 감소시키는 것이지요. 물론 쉽지 않은 일입니다. 그러나 이는 소비자로서 석유화학 산업에 압력을 가할 수 있는 중요한 수단이기도 합니다.

석유화학 산업의 주요 산물로 만들어지는 대표적인 제품이 플라스틱이지요. 폴리에틸렌이나 폴리프로필렌, 폴리

---

5 「정유 및 석유화학 산업 온실가스 배출특성 연구」, 온실가스종합정보센터, 2012년.

6 H. Park, "Fossil fuel use and CO2 emissions in Korea: NEAT approach," *Resources, Conservation and Recycling* Vol. 45 Issue 3, 2005:295-309, https://doi.org/10.1016/j.resconrec.2005.05.006

스틸렌 등 다양한 원료가 플라스틱을 만드는 데에 사용됩니다. 플라스틱 외에도 석유화합 산업에서 만들어진 AN(아크릴로니트릴), EG(에틸렌글리콜), TPA(테레프탈산), 카프로락탐 등은 섬유의 원료로 이용되고, SBR(스티렌+부타디엔 고무), BR(부타디엔 고무), SB-Latex(스티렌+부타디엔 라텍스) 등은 고무의 원료가 됩니다. 이 외에도 아세트산메틸이나 블랙카본, 페놀, 석유 수지 등 다양한 제품이 페인트, 접착제, 세제, 화장품, 식품, 의약품, 비료, 농약 등의 원료로 사용됩니다. 즉, 플라스틱 제품과 옷을 덜 사고 재활용하며 비료나 농약을 덜 쓰는 등의 다양한 영역의 노력이 합쳐져야만 석유화학 산업의 이산화탄소 발생량을 줄일 수 있습니다.

플라스틱 제조업[7]

온실가스 배출량 4위는 플라스틱 제조업입니다. 플라스틱은 환경 전반에 참 다양한 문제를 만들고 있습니다. 토양과

---

7 「플라스틱 이대로면 2050년께 온난화 주범 된다」, 『한겨레』, 2019년 4월 17일. http://www.hani.co.kr/arti/science/science_general/890370. html

해양을 오염시키는 주범이기도 하고, 또 요사이는 미세플라스틱 문제가 심각하게 제기되기도 합니다. 그리고 이산화탄소 증가에도 단단히 한몫을 하고 있지요. 현재 산업부문에서 플라스틱 제조업의 이산화탄소 배출 비율은 12퍼센트고, 전반적인 이산화탄소 배출량에서 차지하는 비중은 3.8퍼센트입니다. 그런데 문제는 플라스틱 제조업의 성장 속도가 대단히 빨라서 현재의 추세라면 2050년경에는 훨씬 더 비중이 커진다는 점이죠. 2010년에서 2015년까지 6년간 플라스틱 생산 증가율은 연 4퍼센트에 이릅니다. 플라스틱에서 나오는 이산화탄소는 생산 단계에서 61퍼센트, 가공 단계에서 30퍼센트, 소각 등 영구폐기 단계에서 9퍼센트가 배출됩니다. 결국 무엇보다 생산 단계에서의 발생량을 줄이는 것이 관건인 셈이지요.

플라스틱 제조업에서의 이산화탄소 배출을 줄이기 위해선 어떻게 해야 할까요? 가장 먼저 더 많이 재활용해야 합니다. 샌타바버라 캘리포니아주립대학의 산업생태학자 로런드 가이어에 따르면 현재 세계 플라스틱의 90.5퍼센트가 재활용되지 않고 있습니다. 재활용을 늘인다면 그만큼 플라스틱 생산 과정에서 발생하는 이산화탄소를 줄일 수 있습니다. 앞서 이야기했듯이, 플라스틱을 만들려면 정유

업체에서 석유를 정제해 나프타를 생산하고, 이를 석유화
학 업체에서 폴리에틸렌 등의 원재료로 변환해야 합니다.
이 모든 과정에서 지속적으로 이산화탄소가 방출되지요.
그러나 기존 플라스틱을 재활용한다면 최소한 이런 과정은
거치지 않아도 됩니다.

　하지만 재활용을 하려면 플라스틱이 애초에 재활용이 가
능하게끔 만들어져야 합니다. 예를 들어 우유 용기로 많
이 쓰이는 종이팩은 2015년 기준으로 재활용이 쉬운 1등
급 제품이 전체의 74.6퍼센트를 차지하고 재활용이 어려
운 2등급이 25.3퍼센트를 차지합니다. 이에 비해 페트병의
경우 1등급은 1.75퍼센트밖에 되질 않고 2등급이 86.6퍼
센트입니다. 아예 재활용이 안 되는 3등급 플라스틱도
9.79퍼센트에 이르지요.

　온실가스 배출을 줄이는 두번째 방법은 친환경 플라스틱
의 비중을 늘리는 것입니다. 친환경 플라스틱은 작물이 원
료가 되며, 이 작물들이 길러지는 과정에서 이산화탄소를
흡수합니다. 친환경 플라스틱은 전분이나 셀룰로오스, 키
틴, 폴리락타이드 등의 생분해성 수지로 만들어지며, 이들
은 옥수수나 감자로부터 얻습니다. 물론 이런 플라스틱도
분해될 때는 이산화탄소가 발생하지만, 곡물이 재배되는

동안 흡수한 이산화탄소 양을 고려하면 탄소중립적 제품입니다. 더구나 생분해성 제품이기 때문에 기존 플라스틱처럼 오랫동안 분해되지 않아 나타나는 문제도 해결되지요.

세번째 방법은 생산과 가공, 운송 과정에서 요구되는 에너지를 화석연료가 아닌 재생에너지로 바꾸는 것이죠. 이론적으로는 100퍼센트 재생에너지로 바꾼다면 온실가스 배출이 51퍼센트까지 줄어든다고 합니다. 물론 이는 플라스틱 산업만의 문제 해결책은 아닙니다. 다양한 산업 영역에서 석유나 석탄, 천연가스 같은 화석연료의 사용을 줄이고 대신 재생에너지로 만든 전기를 사용하는 것만으로도 이산화탄소 배출량은 확실히 줄어듭니다.

네번째로는 플라스틱 수요 자체를 줄이는 것입니다. 물론 플라스틱만큼 값싸고 좋은 제품을 찾기는 쉽지는 않습니다. 하지만 많이 사용하는 것부터 차근차근 줄여나가야겠지요. 비닐봉투 대신 장바구니를 쓰는 것처럼요. 그리고 시민들 개인의 노력도 필요하겠지만, 이러한 행동을 유도하고 강제하는 정책적·제도적 뒷받침이 필요합니다.

이런 네 가지 방법 중 어느 하나만을 택할 수는 없습니다. 모든 방법을 다 사용할 때 비로소 플라스틱 사용에 의한 이산화탄소 문제를 극적으로 해결할 수 있습니다. 미국

샌타바버라 캘리포니아주립대학 연구팀은 이렇게 설명합니다. "여러 전략 가운데 어느 하나라도 플라스틱 유래의 온실가스 배출을 상당히 감축할 것으로 기대했는데, 전혀 그렇지 않았다. 두 가지를 묶어봐도 마찬가지였다. 모든 전략을 실행했을 때에라야 온실가스 배출의 감축이 이뤄지는 것으로 분석됐다. 재생에너지 도입과 재활용 및 수요관리 정책을 동시에 적극적으로 펼치면 2050년 온실가스 배출량을 2015년 수준으로 동결할 수 있다."

제지 산업

5위는 제지업입니다. 천연 펄프로 종이 1톤을 만들려면 나무 24그루를 베어야 하고, 종이를 만드는 과정에서 소비되는 에너지는 9671킬로와트시이며 물은 8만 6503리터가 필요합니다. 이 과정에서 이산화탄소가 2541킬로그램 발생하고 그 외 폐기물이 872킬로그램 나옵니다. 즉, A4 용지 한 장을 만드는 데에 2.88그램의 탄소가 발생하는 것이지요. 특히나 제지 산업의 문제는 에너지 사용량이 대단히 많다는 것입니다. 전기에너지 사용 비율은 일정하거나 감소하는 추세지만 석유 사용 비율은 2005년 기준 매년 25퍼센트 가량 증가하고 있습니다. 이는 종이 원료를 건조하는 공정에서 많은 양의 증기를 사용하기 때문입니다.

만들어진 종이는 어디서 얼마나 사용될까요? 국내 종이 수요를 보면 포장용 산업용지가 54퍼센트로 가장 많고 그 다음이 26퍼센트를 차지하는 인쇄용지입니다. 세번째는 신문용지 11퍼센트, 그리고 나머지 기타 항목이 9퍼센트입니다. 따라서 가장 비중이 높은 포장용 산업용지 부문에서 우선 대책이 세워져야 합니다.

가장 먼저는 생산 공정에서 온실가스를 줄이는 것입니다. 그러나 우리가 가만히 있으면 기업이 알아서 더 많은 비용을 들여 신경쓸 리가 없지요. 물론 현재도 정부의 요구와 기타 다양한 이유로 제지 회사들이 나름의 이산화탄소 저감 노력을 하고는 있습니다만, 더 강한 요구와 압박이 필요합니다. 그와 함께 시민들이 직접 할 수 있는 일도 있습니다.

우선 재생지를 사용하는 것이 한 방법입니다. 현재 종이 원료인 펄프는 대부분 수입해서 사용하고 있습니다. 펄프는 나무로부터 오지요. 물론 제지 회사에서는 나무를 베면서 다시 그 자리에 새로운 나무를 심는다고 이야기하지만,

그렇다고 파괴된 생태계가 다시 쉽게 형성되는 것은 아닙니다. 제지 회사들은 다시 베어내어 펄프를 만들기에 적당한 나무를 심는 것뿐이지요. 결국 생태계를 개간해서 농지로 만드는 일과 별반 차이가 없습니다. 더구나 새로 심은 나무가 앞서 베어낸 나무만큼 자라기까지의 기간에는 이산화탄소 흡수량에 있어서도 커다란 차이가 있습니다. 아무래도 작은 묘목은 큰 나무만큼 이산화탄소를 흡수할 수는 없으니까요. 그리고 나무를 펄프로 가공하고 그 펄프를 운송하는 과정에서도 역시나 이산화탄소가 발생합니다. 재생지 사용이 늘면, 수입하는 펄프가 자연스레 줄어들 수밖에 없고 이산화탄소 배출량도 그만큼 감소합니다. 1톤의 종이를 재생지로 만들게 되면 이산화탄소 감소량은 15퍼센트에 달합니다. 물론 그 외에도 나무 10그루가 덜 베이고 에너지도 1400킬로와트시만큼 덜 쓰이지요.

다행히 우리나라의 폐지 회수율은 대단히 높은 편입니다. 2007년에 80퍼센트대를 넘어섰지요. 하지만 현재 재생종이 사용량을 보면 이산화탄소를 줄일 더 많은 여지가 있습니다. 2008년 국내에서 소비된 종이는 869만 톤입니다. 그중 700만 톤 정도가 펄프로 만들어졌고 나머지 169만 톤이 재생지입니다. 복사용지의 경우 국내 재생복

사지 이용률은 2.7퍼센트에 불과합니다.[8] 즉, 재생지를 사용할 여지는 더 크다는 뜻이지요.

또 하나, 종이책보다 전자책이 이산화탄소 배출량이 더 적습니다. 다만 전자책 리더기를 만드는 과정에서 발생하는 이산화탄소 배출량을 생각하면, 이는 책을 많이 볼 때만 해당됩니다. 물론 따로 전자책 리더기를 구입하지 않고 기존에 가지고 있는 패드나 폰 혹은 컴퓨터로 본다면 전자책이 훨씬 더 좋겠지요. 중고책 구입과 도서관 이용도 한 방법일 것입니다. 종이를 이용한 다른 1회용품을 사용하지 않는 일도 중요합니다. 1회용 컵이라든가 종이 상자 등의 사용을 줄이는 것이겠지요.

알루미늄 산업

6위는 알루미늄 관련 산업입니다. 자연 상태의 알루미늄은 산소와 결합한 산화알루미늄으로 존재합니다. 먼저 여기서

---

8 「툭하면 걸린다고? 재생 복사지 직접 써보니 달랐다」, 『한겨레』 2014년 11월 5일. http://ecotopia.hani.co.kr/227452

산소를 떼어내고 순수한 알루미늄으로 만들어야 활용할 수 있지요. 그런데 알루미늄은 철보다도 더 제련하기가 어렵습니다. 알루미늄의 녹는점은 658도 정도밖에 되지 않지만 산화알루미늄은 2000도가 넘습니다. 그리고 녹인다고 바로 산소가 빠져나가지도 않습니다. 그래서 전기분해를 해야 합니다. 그런데 이때 플러스극에 쓰이는 탄소가 알루미늄에서 분해된 산소와 만나 이산화탄소나 일산화탄소로 배출됩니다. 그리고 전기분해 과정에서 막대한 양의 전기에너지가 필요합니다. 이 두 가지가 알루미늄을 생산할 때 이산화탄소가 무지막지하게 나오는 이유입니다.

이와 관련하여 흥미로운 소식이 있습니다. 아이폰으로 전 세계 휴대폰 시장을 쥐락펴락하는 애플은 대부분의 제품에서 알루미늄을 핵심 소재로 사용하는데, 2018년 알루미늄 생산 기업인 알코아 코퍼레이션과 리오틴토 알루미늄과 함께 탄소 무배출 알루미늄 합작 사업을 추진한다고 발표합니다. 이산화탄소 대신 산소를 배출하는 새로운 제련 방법을 이용하겠다는 겁니다. 이들은 2024년부터 판매에 들어가겠다고 계획을 밝혔습니다.[9]

9 「Apple, 획기적인 탄소무배출 알루미늄 제련법 추진한다」, 애플 뉴스룸,

애플의 사업이 실현된다면 이산화탄소 배출을 꽤 줄일 수 있을 것으로 보입니다. 그러나 문제는 여전히 남아있지요. 바로 막대한 전기를 쓴다는 점입니다. 이는 알루미늄 산업만의 문제가 아니며, 모든 부문의 전력 생산에서 재생 에너지가 차지하는 비중을 높여가는 것으로 극복할 수밖에 없습니다. 또 하나의 중요 지점은 재활용입니다. 알루미늄은 재활용 과정에서 드는 에너지가 제련에 비해 10퍼센트도 되지 않기 때문이지요. 더구나 탄소 전극에서 이산화탄소가 발생하지도 않고요. 다행히 알루미늄은 다른 것에 비해 비교적 재활용이 잘 되는 편입니다.

무엇을 해야 할까?

제철, 시멘트, 석유화학, 플라스틱, 제지, 알루미늄, 이들 여섯 산업이 배출하는 이산화탄소 양을 합하면 산업부문 전체의 67퍼센트가 됩니다. 각각 부문에서의 대책을 살펴보며 느끼셨겠지만, 온실가스 배출을 줄이기 위해 분야를 따

2018년 5월 10일. https://nr.apple.com/dE0i0d7x0v

지지 않고 우리가 공통적으로 해야 할 일들이 몇 가지 있습니다.

가장 먼저 주목해야 할 것은 재활용입니다. 종이, 알루미늄, 철강, 플라스틱에 이르기까지, 이산화탄소가 가장 많이 발생하는 지점은 가공과 폐기가 아니라 생산 영역입니다. 생산 자체를 줄이는 것이 가장 중요한 이유입니다. 이를 위해선 이미 만들어진 제품을 재활용하는 비율을 높여야 합니다. 더구나 이산화탄소 배출량 1위에서 4위에 이르는 제철, 시멘트, 석유화학, 플라스틱 산업부문은 원재료 자체에 탄소가 포함되어 있기에, 제조 과정에서 이산화탄소가 발생하는 일을 피할 수 없습니다. 따라서 재활용을 통해 원재료의 사용량을 줄이는 것이 가장 확실한 온실가스 감축 대책입니다. 그리고 두번째로 소비를 줄여야 합니다. 이는 재활용과 마찬가지로 생산량을 줄이는 일에 보탬이 됩니다.

세번째로 생산하는 데에 필요한 에너지를 화석연료 대신 전기에너지로 전환하는 것이 중요합니다. 물론 이는 전기 생산에서 재생에너지 비율이 높아야 한다는 전제가 있어야 합니다.

네번째로 생산 과정에서의 이산화탄소 저감 노력이 필요합니다. 공정을 개선하고, 추가 비용이 들더라도 이산화탄소 저감 장치를 도입하는 등의 일입니다. 재활용과 달리 생산 과정에 개입하는 건 우리들 시민이 할 수 있는 일은 아니라고 여길 수 있지만, 꼭 그렇지는 않습니다. 이들 기업이 이산화탄소 저감 노력을 얼마나 기울이고 있는지 감시하고 항의해서 기업들의 행동을 강제할 수 있습니다. 또한 법적·정책적 압박을 가할 수도 있습니다. 이들이 이산화탄소 저감 장치를 (비용이 더 들더라도) 적극적으로 도입하게 하려면 그냥 기업들의 선의만 바라서는 될 일이 아니지요. 그리고 이는 첫번째와 두번째 노력과 궤를 같이할 것입니다. 시민들이 온실가스 감소를 위해 재활용을 하고 소비를 줄이는 것이 실제 결과로 나타난다면, 기업들도 생산량이 감소하는 위기 속에서 대응하지 않을 수 없기 때문입니다.

ICT 산업은 친환경적이다?

앞서 말한 여섯 산업에서의 노력이 가장 중요하지만, 이 외에 나머지 산업도 신경을 써야 합니다. 〈그림 10〉을 봅시다. 예상대로 온실가스를 가장 많이 배출하는 업체는 포스코입니다. 현대제철이 그 다음이지요. 제철업은 철을 녹이

순번	기업명	온실가스 배출량 (tCO2-eq)	매출액 (백만 원)	온실가스 원단위
1	포스코	71,638,951	30,543,544	2.35
2	현대제철	16,209,958	12,814,237	1.26
3	쌍용양회	11,539,065	1,401,315	8.23
4	동양시멘트	7,588,961	607,800	12.49
5	S-Oil	7,293,139	31,158,528	0.23
6	GS칼텍스	8,426,780	44,069,494	0.19
7	SK에너지	7,164,848	43,613,023	0.16
8	LG화학	7,118,190	20,255,935	0.35
9	LG디스플레이	6,921,688	25,854,183	0.27
10	삼성전자	6,303,033	158,372,089	0.04

그림 10 온실가스 배출량 상위 업체

고 제련을 하는 과정에서 석탄을 많이 쓰기 때문입니다. 포스코의 온실가스 배출량이 압도적이고 현대제철이 포스코의 4분의 1이 되지 않는 이유는 전체 규모의 차이도 있지만 현대제철이 전기로를 많이 사용하기 때문이기도 합니다. 전기로에서 폐철을 녹여 다시 재활용하기 때문이지요. 대신 그만큼 현대제철은 전력 사용량에서 1위를 차지하고 있습니다. 제철업 다음은 정유 업계와 시멘트 업체입니다.

순번	기업명	전력 사용량 (GWh)	1kWh당 전기요금(원)	매출액 (억 원)
1	현대제철	12,025	96.5	144,794
2	삼성전자	10,042	96.2	1,352,050
3	포스코	9,391	88.0	256,072
4	삼성디스플레이	7,219	96.1	263,971
5	LG디스플레이	6,182	96.3	258,564
6	SK하이닉스	5,121	96.3	187,808
7	LG화학	3,321	98.4	173,341
8	OCI	3,054	99.0	21,746
9	한주	2,988	97.3	5,493
10	고려아연	2,958	80.5	40,870
11	○○에너지	2,876	96.6	
12	GS칼텍스	2,733	96.1	268,738
13	동국제강	2,490	97.2	44,896
14	한국철도공사	2,374	122.2	56,160

그림 11 2015년 전력 사용량 상위 업체

그리고 LG 디스플레이와 삼성전자가 그 뒤를 잇습니다.

전력 사용량 상위 업체를 보면 또 다릅니다. 현대제철에 뒤이어 삼성전자가 2위 삼성디스플레이와 LG디스플레이, SK하이닉스가 4, 5, 6위를 차지하고 있지요. 전기를 생산

제4장 산업부문에서의 이산화탄소 배출과 대책

그림 12 2017년 디지털 분야별 에너지 사용 비율(%)

하는 데에 대체로 재생에너지 대신 화석연료가 사용되는 우리나라의 상황에 미루어 볼 때, 전통적 소재 산업만큼은 아니지만 전력 사용량이 많은 이들 업체도 만만치 않은 온실가스를 내놓고 있다는 뜻입니다.

눈에 보이는 제품을 생산하지 않는 정보통신 업체는 이산화탄소를 배출하지 않을까요?. 네이버나 카카오, 옥션, 쿠팡, 배달의민족, 요기요 같은 인터넷 업체는 별다른 이산화탄소 발생이 없을 것 같지만, 사실은 그렇지 않습니다. 데이터가 오고 가는 모든 과정이 전기에너지를 필요로 하지요. 〈그림 12〉를 보면 드러납니다. 정보통신 산업에서는 제품 제작보다 사용 과정에서 더 많은 에너지가 소모됩니다. 결국 공짜는 없는 거지요. 계산을 해보면 구글에 한 번 검색할 때마다 이산화탄소 0.2그램이 배출된다고 합니다.

이들 업체의 서버는 보통 인터넷 데이터센터에 있습니다. 데이터센터에 있는 서버가 적게는 몇천 대에서 많게는 몇만 대에 이르지요. 인터넷 정보통신 산업이 발달할수록 이들 데이터센터도 늘어납니다. 그린피스와 통계청의 자료에 따르면 2008년 67곳이던 데이터센터는 2013년에는 113곳으로 늘었고 전력 사용량도 두 배 이상 늘었습니다. 나중에 지어진 데이터센터일수록 센터 하나의 규모가 커지면서 전력 사용량은 더 많아진 것이지요. 한국전자통신연구원의 「데이터센터 지속 가능성 표준화 이슈 현황」 자료에 따르면 데이터센터는 ICT부문 전체 전력 사용량의 20퍼센트를 차지하고 있습니다.

국내만 그런 것은 아닙니다. 전 세계로 눈을 돌려도 데이터센터는 끊임없이 증설되면서 매년 급성장하고 있으며, 그에 따라 전력 사용량도 급증하고 있습니다. 그나마 외국의 아마존이나 구글, 페이스북 등은 데이터센터에서 사용하는 전력을 재생에너지로 생산하겠다고 발표하고 실제로 노력을 기울이기라도 하지만, 국내 기업의 경우에는 그런 노력마저 별로 보이지 않는 것이 현실입니다.

자동차와 농축산물에서
새어나오는 온실가스

제5장

석유에서 전기로

운송(수송)은 산업부문 다음으로 이산화탄소 발생량이 많습니다. 내연기관을 사용하니 어쩔 수 없는 노릇이지요. 철강, 시멘트, 제지 산업과 더불어 운송업도 기본적으로, 내연기관에서 액체나 기체 상태의 화석연료를 연소시켜 얻은 에너지를 이용합니다. 운송부문에서 온실가스 발생을 줄이기 위해 가장 먼저 해야 할 일은 화석연료 대신 전기에너지를 기본으로 사용하는 것입니다. 운송은 크게 자동차, 기차, 선박, 항공기 분야로 나눌 수 있습니다. 기후위기 전문가들은 이들 모두에서 에너지 공급원을 전기로 바꿀 것을 요구하고 있습니다. 화석연료를 사용하는 내연기관 대신 전기에너지를 이용하면 모든 부분에서의 이산화탄소 발생량을 전 세계적으로 현재의 약 4분의 1까지 줄일 수 있습니다.

항공기와 선박은 아직 여러 가지 어려움이 있습니다만, 기차와 자동차는 기술적 문제 보다는 비용과 제도 등 조금 부차적인 것만 해결한다면 급속한 전환이 가능합니다. 물론 전기 생산에서 재생에너지 비율을 높이는 것이 전제가 되어야 하지요. 운송부문에서 또 하나 생각해야 할 지점은 열차의 활용도를 높이는 것입니다. 지하철을 포함한 열차는 승객이나 화물을 동일하게 운송할 때 자동차에 비해 이산화탄소 발생량이 현저히 낮습니다. 이와 관련해서는 뒤쪽에서 따로 살펴보도록 하겠습니다.

20세기는 흔히 말하듯 석유의 시대였습니다. 그러나 21세기 들어 석유의 지위가 흔들리고 있습니다. 자동차는 아직 대부분 석유로 움직이지만, 전기는 석탄과 원자력이 주를 이루고 난방은 대부분 천연가스로 이루어지고 있지요. 현재 우리나라 석유 소비 추이를 보면, 다른 나라와 달리 석유화학 제품을 생산하는 원료로 석유가 사용되는 비중이 50퍼센트를 넘습니다. 그리고 자동차 연료로 사용되는 것이 약 30퍼센트입니다. 하지만 이는 우리나라만의 특수성에 기인합니다. 우리나라 석유화학 산업이 크게 발달해서 플라스틱 원료나 정제유 등의 수출이 활발한 것이 원인이지요. 전 세계적으로 보면 석유가 수송용으로 사용되는 비중이 64.5퍼센트로, 산업용 연료 사용량 7.8퍼센트와 석유화학 공업용 16.6퍼센트를 합친 것보다 훨씬 큽니다. 미국은 수송용으로 사용되는 양이 전체 석유 소비량의 72퍼센트나 됩니다. 다만 외국이나 우리나라나 공히 전기를 생산하는 데에 석유가 사용되는 비중은 현재도 무척 작고 이후로도 계속 줄어들 것으로 예상됩니다. 이유는 석유가 비싸기 때문입니다. 유연탄(석탄)이나 천연가스에 비해 가격이 두 배가 넘지요.

하지만 내연기관에 석탄을 쓸 수는 없고, 천연가스를 쓰는 것은 공급량에 한계가 있습니다. 그래서 내연기관으로 달리는 자동차는 연료로서의 석유를 지탱하는 마지막 버팀목이지요. 반대로 수송부문에서 석유를 퇴출시킨다면 석유 연소에 의한 이산화탄소 발생을 극적으로 줄일 수 있다는 뜻이기도 합니다. 이것이 전기자동차를 전면적으로 도입해야 할 첫번째 이유입니다.

현재 우리나라 전기생산 상황을 봐도 그렇습니다. 원자

력과 석탄, 천연가스가 전기생산의 주를 이루고 있지만, 그럼에도 이산화탄소 배출량은 더 적습니다. 왜냐하면 자동차의 내연기관에서 에너지로 전환되는 효율이 20퍼센트 정도밖에 되질 않기 때문입니다. 대신 전기자동차의 모터는 효율이 90퍼센트를 넘습니다. 이 차이가 이산화탄소 발생량의 차이를 만듭니다. 전기자동차는 내연 차량에 비해 30~40퍼센트의 에너지만 생산하더라도 차량을 운행할 수 있습니다. 물론 발전소에서 생산한 전기가 공급되는 과정에서 에너지 손실이 발생합니다만, 이를 감안하더라도 전기자동차가 에너지 측면에서 더 효율적이며 이산화탄소 배출도 더 적은 것이죠. 게다가 전기자동차로의 전환은 미세먼지가 대폭 줄어드는 효과도 가져옵니다.

국내에서 생산하는 동일한 종류의 자동차 코나를 비교해봅시다. 휘발유차의 이산화탄소 배출량은 킬로미터당 131그램인 데에 비해 전기자동차는 83그램입니다. 재생에너지에 의한 전기생산 비중이 현재 정부의 계획대로 된다면, 전기자동차의 이산화탄소 배출량은 69그램으로 더 줄어듭니다. 더구나 정부의 계획에서 2030년 전기생산의 석탄 비중은 36.1퍼센트이고 가스는 18.8퍼센트로, 여전히 화석연료 비중이 아주 높은 것을 알 수 있습니다. 지금의 계획보다 더욱 화석연료를 줄이고 재생에너지 비중을 더 높인다면 내연자동차를 전기자동차로 바꾸는 효과는 더더욱 커질 것입니다.

그런데 조금 이상한 점이 있습니다. 코나의 가격이 휘발유나 경유차는 2200만원에서 2400만원대인데 전기자동차는 4850만원으로 두 배 가량 됩니다. 물론 전기자동차에 사용되는 배터리 비용이 비싼 것은 다들 아는 사실입니다. 하지만 전기자동차는 엔진이나 변속 장치, 냉각계, 배기계, 배출가스 저감 장치 등이 필요없습니다. 흔히 전기자동차는 만드는 데에 필요한 부품이 기존 자동차의 10분의 1 정도밖에 들지 않는다고 하지요. 그렇다면 배터리 가격을 감안하더라도 이해가 되지 않는 가격입니다. 어쩌면 아직 전기자동차가 대량으로 생산되지 않아 규모의 경제를 이루지 못한 측면도 있을 것입니다. 생산량이 증가하면 관련 부품도 대량생산이 가능해지고 이에 따라 부품 가격이 낮아지게 됩니다. 또한 경쟁이 치열할수록 제작 원가를 낮추는 기업의 노력이 더 거세집니다. 전기자동차는 일반 내연자동차에 비해 아직 그런 상황으로까지 나아가진 못했다고 볼 수 있습니다.

자동차 제조회사로서도, 아직 내연자동차가 잘 팔리는

데 굳이 전기자동차로의 전환을 서두를 필요가 없겠지
요. 다행히 현재 정부와 지자체에서 지원금을 주기 때문
에 실제로 전기자동차를 구입할 때는 내연자동차보다 약
400~500만 원만 더 지불하면 됩니다. 그리고 전기자동차
가 유지 비용이 훨씬 덜 들어가서 약 3~4년 정도면 그 비
용 또한 상쇄되지요. 금액으로만 보더라도 지금 전기자동
차를 탈 이유가 충분합니다.[1] 하지만 더 나아가 생산량이
어느 정도 규모를 이룬다면, 초기 구매 비용이 더욱 줄어들
것이고 전기자동차의 보급을 더욱 촉진할 수 있게 됩니다.
또한 판매 원가가 줄어들면 차량 한 대당 들어가는 정부 보
조금도 줄어드니 더 많은 전기자동차에 혜택을 줄 수 있습
니다.

이를 위해선 가능한 영역에서 전기자동차 도입을 정책적
으로 강제할 필요도 있습니다. 관용 차량과 버스, 택시 등
정책적으로 도입이 용이한 부분에서 노후 차량을 모두 전
기자동차로만 교체하도록 정하는 것이지요. 또한 휘발유에

---

[1] 「전기차 지금 사도 되나?—전기차의 공익과 편익」, 기후변화행동연구소,
2018년 7월 11일.
http://climateaction.re.kr/index.php?mid=news01&document_
srl=175028

탄소세를 부과하는 것도 고려해야 합니다. 이 부분은 뒤에 탄소세를 다루는 장에서 따로 이야기하도록 하겠습니다(제8장 참조).

전기자동차의 도입과 함께 또 하나 운송부문의 이산화탄소 배출을 줄이는 방법은 자율주행차를 도입하는 것입니다. 이는 여러 가지 면에서 온실가스가 감축되는 효과를 가져옵니다. 일단 전면적으로 자율주행차가 도입되면 운전자의 잘못된 운전 습관에 의한 에너지 손실이 줄어듭니다. 또한 앞뒤 차량 간 유지 거리와 옆 차량과의 거리를 좀더 좁힐 수 있습니다. 이에 따라 동일한 도로에서 더 많은 교통량을 소화할 수 있게 됩니다. 교통 정체가 해소되면 에너지 소비도 줄어들지요. 주차도 훨씬 쉬워집니다. 조사에 따르면 주차를 위해 차량을 운전하는 시간이 목적지에 가기 위해 운전하는 시간의 20퍼센트 이상 된다고 하니, 주차가 간편해지면 상당한 온실가스 절감 효과가 나타납니다.

렌터카 시장도 더욱 활성화되겠지요. 내가 직접 차를 빌리러 가지 않아도 자동차가 스스로 내가 원하는 곳에 온 다음 다시 알아서 반납이 될 테니, 렌터카를 이용하려는 사람도 이전보다 많아질 것입니다. 렌터카 회사도 차량 회수가 용이하니 더 좋을 테고요. 택시 산업과 대리운전 업체에는 상당한 위협이 되긴 하겠지만, 어찌되었건 자율주행차에는 전반적으로 온실가스의 발생량이 현저히 줄어들 여지가 보입니다.

그리고 더 중요하게는 자율주행차가 차량 소유의 필요성도 줄일 수 있습니다. 지금처럼 주차난이 심각한 경우는 더욱 그렇습니다. 퇴근 후 차량 주차를 위해 자기 집 주위를 맴도는 일이 사라지고, 장을 보러 가서도 마찬가지입니다. 필요할 때 부르고 일을 마치면 자기가 알아서 다음 행선지로 가는 자율주행차라면 골치 아프게 차를 소유하고 관리하고 주차에 신경쓸 이유가 없어질 것입니다.

수소로 달리는 자동차

이쯤에서 한번 짚고 넘어가야 할 것이 수소연료전지 자동차입니다. 간단하게 수소차라고 하지요. 수소를 이용해 만들어진 전기로 움직이는 차를 말합니다. 운행 과정에서 나오는 것은 물뿐이어서 온실가스도 없고 미세먼지나 기타 오염물질도 없습니다. 또 공기를 빨아들여 그 속의 산소를 취하는데, 이 과정에서 필터가 미세먼지를 걸러내서 공기

청정기 역할도 합니다.

여기까지만 보면 아주 좋은 차인데 문제가 좀 있습니다. 바로 이 수소를 어떻게 만드냐는 거죠. 수소는 가장 가벼운 기체라서 아주 쉽게 우주로 날아가버려 대기 중에 거의 존재하질 않습니다. 즉, 수소차를 이용하려면 인간이 직접 수소를 만들어내야 한다는 어려움이 있지요. 게다가 수소는 폭발 위험성이 아주 큰 물질입니다. 그래서 예전에는 둥둥 떠있는 풍선에 수소를 주입했지만 요즘에는 법에 걸리죠. 헬륨을 써야 합니다. 이렇게 위험한 수소를 사용하려면 안전장치를 많이 마련해두어야 합니다. 그래서 수소를 운반하는 데에 많은 비용이 들게 됩니다.

그러면 수소는 어떻게 만들어질까요? 먼저 석유화학 공정에서 부산물로 나오는 부생수소가 있습니다. 두번째로는 천연가스를 개질(정제)해서 만드는 추출수소가 있고요. 재생에너지의 잉여전력으로 물을 전기분해해서 만드는 수전해수소와 해외에서 들여오는 해외생산수소가 있습니다. 이 중에서 부생수소는 그 양이 얼마 되질 않으니 본격적인 수소연료로 사용할 순 없습니다. 더구나 그렇지 않아도 온실가스 배출량이 많은 석유화학 공업을 수소 만든다고 확장할 수도 없고요.

재생에너지로 수소를 만드는 것은 그 자체로는 온실가스가 발생하지 않으니 좋을 듯하지만, 실제론 정말 비효율적인 일입니다. 재생에너지가 이미 전기로 만들어져 있는데 그걸 그대로 전기자동차에 공급하면 될 걸, 굳이 물을 분해해서 수소를 만들고 이를 다시 운반해서 공급한다는 거니까요. 그 과정에서 에너지의 일부가 소실되는 건 당연한 일입니다. 계산해보면 에너지 효율이 전기를 사용하는 것의 절반에 미치지 못한다고 합니다. 수전해수소는 재생에너지가 아주 풍족해서 우리나라의 전기 수요를 다 감당하고도 남아 잉여전력이 있을 때라야 유용하게 쓰일 것입니다. 하지만 정부의 계획에 따르자면 몇십 년은 걸릴 일이지요. 현재 정부에서 계획하고 있는 우리나라 재생에너지 발전 비율은 2030년에 20퍼센트, 2040년에 최대 35퍼센트일 뿐입니다.

해외에서 만들어진 수소를 도입하는 것은 그래도 좀 의미 있는 일이긴 합니다. 오스트레일리아 같이 사막이 아주넓은 지역에서 태양광발전으로 전기를 생산하고, 그걸로물을 분해해서 만들어진 수소라면야 나쁘진 않지요. 물론수송 과정에서 온실가스가 발생하긴 하겠지만 말이지요.

경제성을 따지자면 천연가스에서 뽑아낸 추출수소가 가

장 저렴합니다. 초기 인프라를 구축하기에도 가장 용이합니다. 그런데 문제는 수소를 추출하는 과정에서 온실가스가 발생한다는 거지요. 휘발유차가 1620킬로그램의 이산화탄소를 만들 때 천연가스 추출수소로 달리는 차는 1361킬로그램의 이산화탄소를 내놓습니다. 이래선 친환경이라고 부를 수가 없지요. 정부의 「수소경제 활성화 로드맵」에 따르면, 수소차에 공급되는 연료로 추출수소의 비중은 2030년까지 50퍼센트가 될 것이고 2040년에도 30퍼센트는 될 예정입니다. 결국 수소연료전지차는 기존 자동차에 비해 절반 정도의 이산화탄소는 계속 만들게 된다는 뜻입니다.

또한 앞서 지적한 것처럼 수소 가스는 취급이 용이하지 않습니다. 이를 자동차에 공급하려면 전국적인 인프라가 요구되며 어마어마한 돈이 듭니다. 더구나 우리나라의 자동차 산업은 내수도 있지만 수출이 중요한 비중을 차지하는데, 전 세계적으로 수소차를 팔려면 다른 나라들에도 인프라가 갖추어져 있어야 할 터입니다. 이러한 문제를 어찌 해결할지 명확한 답은 아직 나오지 않았습니다. 그래서일까요? 현재의 수소연료전지 자동차 활성화 계획은 천연가스의 새로운 용도를 찾는 겸 자동차 기업에 정부가 투자하는 정도로밖에 보이지 않는다는 의견도 나옵니다.

도심지 차량운행 전면 중지

물론 전기자동차로의 전환이 하루아침에 될 일은 아닙니다. 자율주행차가 실제로 거리를 활보하기까지는 그보다 더 많은 시간이 필요합니다. 그때까지 손 놓고 있을 수는 없지요. 하지만 기후위기는 우리를 기다려주지 않습니다. 그래서 전기로의 전환과 함께 시작해야 할 것이 있습니다. 기존 내연기관 자동차를 되도록 적게 운행하고 동시에 내연기관차 생산을 줄이는 것이지요.

지금도 일부 지역은 자가용 출입이 금지되어 있고, 휴일에 자동차를 운행하지 못하는 거리도 있습니다. 하지만 더 나아가 법으로 일정 인구 이상의 전국 도심지에 자동차 출입을 원천 금지하면 어떻게 될까요? 물론 소방차라든가 구급차 그리고 장애인용 차량은 예외로 하고 이를 위한 통행로는 확보해야겠지요. 그리고 도심에서 장사하는 사람과 일하는 사람을 위한 순환 버스나 트럭 등도 있어야 할 것입니다. 공공에 이익을 가져다주는 허락된 차량 이외에 모든 자동차의 이용을 금지시키면 어떻게 될까요?

일단 대중교통만 거리에 다니며 전체적인 운행 차량이 줄어드니 이산화탄소 배출도 자연히 감소합니다. 더불어 대기의 질도 좋아지겠지요. 대신 대중교통을 지금보다 더 확대해야 하며, 그중에서도 버스보다는 전철과 철도를 적극적으로 활용하면 좋습니다. 육지 교통수단 중 단위 승객당 에너지를 가장 적게 쓰니까요. 어찌되었든 이렇게 개인이 차량을 최대한 덜 몰도록 하는 것이 중요합니다. 어딘가를 가야할 때 대중교통을 이용하는 것이 상수가 되고 아주 특수한 경우만 자기 차량을 이용하는 방식이 제도적으로 그리고 사람들 심리에 기본으로 탑재가 되면, 그만큼 차량 운행에 따른 온실가스 발생량이 줄어듭니다. 또한 새롭게 개발되고 있는 인공지능과 빅데이터 기술을 이용하여 지능형 인프라망을 구축하는 것도 요구됩니다. 이를 통해 같은 거리를 이동하면서도 전보다 효율적으로 차량이 운행되면서 온실가스가 줄어드는 효과를 보일 것입니다.

이런 과정을 거쳐 차량 판매가 감소하면 자동차 생산이 줄 것이고, 전후방 산업 연관효과가 큰 자동차 산업의 특성상 관련 분야의 생산량도 줄어들 것입니다. 철판 생산량도 줄고 전장부품 생산량도 줄겠지요. 특히 전기로 움직이는 자율주행차가 본격화되면서 자동차 산업의 패러다임이 변하면, 관련 산업 종사자의 타격은 더욱 커질 것입니다. 앞서 말씀드린 것처럼 전기자동차는 내연기관 자동차에 비해 부품 수가 굉장히 적고 또 유지·보수에 많은 힘을 들이지 않아도 됩니다. 이 말은 자동차 정비업을 하는 분들에게 큰 위기가 닥친다는 뜻이기도 합니다. 그러니 심각한 기후위기에 대응하는 과정에서 불거지는 실업이나 산업 전반의 문제에 대한 대책도 같이 세워야 하지요.

육식의 문제

고기를 좋아하는 분들께는 불편할 이야기지만 축산업이 배출하는 온실가스도 만만치 않습니다. 아니, 만만치 않은 정도가 아니라 심각합니다. 유엔 식량농업기구FAO가 밝힌 2013년 통계에 따르면, 축산업에서 배출되고 있는 온실가스는 전체 배출량의 14.5퍼센트에 달합니다. 축산업을 위해 삼림과 사바나 지역을 태울 때 블랙카본(탄소검댕)이 발생하는데, 이는 이산화탄소보다 최대 4470배 더 온실효과가 큰 물질입니다. 또한 아산화질소는 이산화탄소보다 온실효과가 300배 더 큰 온실가스인데, 전 세계 아산화질소 배출의 65퍼센트가 축산업에서 비롯됩니다.

더구나 미래에는 더욱 심각해질 것으로 보입니다. 현재 전 세계 인구증가 추세를 감안하면 매년 2억 톤 이상의 육류가 추가로 필요하며, 가축에게 먹일 사료를 재배할 경작지 면적도 그만큼 더 필요합니다. 실제로 1960년에서 2010년까지 50년 동안 새로 개간된 토지의 65퍼센트가 사육하는 동물들이 먹을 사료를 만들기 위한 땅입니다. 아마존 삼림 파괴의 90퍼센트가 소떼 방목과 가축용 사료 작물 재배를 위해서였고, 호주에서 행해진 삼림 벌채도 90퍼센트가 가축 방목을 위해 일어났습니다. 그리고 지금도 숲이 베어져 농지가 되는 일은 계속되고 있지요. 또한 과도한 방목과 사료재배 지역의 확장은 사막화를 촉진하고 있습니다. 사막화로 이어지는 전 세계 토양 침식의 50퍼센트 이상이 가축 때문입니다.

여러 다양한 지표가 육식의 문제를 지적하고 있습니다. 축산업은 해양 부영양화의 가장 큰 원인으로, 독성 해조류를 증가시키고 산소를 고갈시켜 죽음의 바다를 만드는 주범이기도 합니다. 그리고 전 세계 어획량의 3분의 1이 가축 사료로 쓰입니다. 해양 어류 남획의 주범이기도 한 셈입니다. 한편 가축을 먹여살리기 위해 오히려 사람이 굶주림에 시달리는 역설적인 상황도 펼쳐집니다. 현재 기아 아동의 80퍼센트가 가축용으로 곡물을 수출하는 나라에서 살고 있지요. 현재 지구상 전체 농경지의 70퍼센트가 가축용 곡물을 만드는 땅이며, 이는 얼음이 없는 지표면의 30퍼센트를 차지하는 정도입니다. 이런 축산업의 증가는 고기를 많이 먹고 과일과 채소를 적게 먹는 잘못된 식습관이 보편화되는 과정이기도 합니다. 이런 식습관에 의해 전 세계적으로 10억 명이 넘는 사람들이 과체중 및 비만이 되었고, 2030년 경에는 유럽 인구의 절반이 비만이 될 것이라는 연구도 있습니다.

여러 문제점 중에서도 우리가 주목할 지점은 바로 온실가스 발생량이지요. 우리가 먹는 걸로 비교해보면, 1인분의 비프스테이크는 채식 식사에 비해 화석연료가 16배나 더 듭니다. 즉, 채식은 온실가스 배출량을 94퍼센트 줄입니다. 1킬로그램의 소고기를 만드는 데에 드는 에너지는 자동차 250킬로미터를 운전하는 것, 100와트 전구를 20일 내내 켜놓는 것과 마찬가지입니다. 토지로 따지면, 육식 인구 1명이 사용하는 땅은 채식 인구 80명을 먹일 수 있을 정도입니다. 결국 우리는 완전한 채식은 어렵더라도 어느 정도 고기를 줄이기는 해야 합니다.

이에 대해 두 가지 방향에서 고민과 대책이 이루어지고 있습니다. 하나는 가장 기본으로 육식을 가능한 한 줄이는 것이고, 두번째는 대체육이나 배양육으로 기존의 고기를 대신하는 것입니다. 일단 식단에서 육식을 줄이고 채식의 비중을 높이면 온실가스 배출량도 줄어들지만, 비만, 심장질환, 당뇨, 뇌졸중, 암 등도 줄어 매년 수백만 명의 생명을 구하고 보건의료 비용을 절약할 수 있습니다. 영국 옥스퍼드대학 연구진은 세계보건기구WHO가 제안한 (채식 위주의) 권장 식단을 채택할 경우 연간 510만 명이 덜 사망해서 사망률을 6퍼센트 낮출 것으로 추산합니다. 또한 온실가스 배출량은 29퍼센트 감소하고 보건의료 비용은 735억 달러를 낮출 수 있습니다. 유제품과 달걀 정도를 곁들인 채식 식단의 경우 온실가스가 63퍼센트 감소하게 됩니다. 물론 쉬운 일은 아닙니다. 권장 식단에 맞추려면 과일·채소 소비는 25퍼센트 늘리고 고기 소비는 56퍼센트를 줄여야 합니다.[2] 만약 고기를 거의 먹지 않는 경우의 온실가스 감소

---

2 「채식 위주로 바꾸면 온실가스 70%까지 감축」, 『한겨레』, 2016년 3월 30일. http://www.hani.co.kr/arti/society/environment/737507.html#c-sidxa3900799274001098bcfff625145934

율은 정말 대단합니다. 물론 식사는 개인의 취향을 존중해야 하므로 누가 강제할 수는 없습니다. 하지만 학교 급식이나 회사 사내식 또는 기내식 등 대량으로 음식을 공급하는 경우 육식 소비에 대한 일정한 기준을 설정하고 채식 위주의 식단을 선택할 수 있도록 하는 등의 정책은 의미를 가질 것입니다.

고기를 먹지 않고는 살 수 없다는 분들도 있지요. 이들을 위한 대안이 대체육과 배양육입니다. 대체육은 식물성 원료로 만든 '고기 아닌 고기'라 할 수 있고, 배양육은 자그마한 동물세포를 인공적으로 배양하여 만든 고기입니다. 대체육의 역사는 오래되었습니다. 처음에는 콩고기로 불렸지요. '식물육'이라고도 불리는 대체육은 콩류와 밀, 곰팡이 등에서 추출한 단백질을 주재료로 만듭니다. 근래 가장 각광받는 비욘드미트Beyond Meat도 완두콩의 단백질로 만들어집니다. 비트 주스로 붉은 색깔을 내고 코코넛 오일로 육즙을 흉내내지요. 비욘드미트의 강력한 경쟁자인 임파서블푸드Impossible Foods는 대두 추출 단백질을 주재료로 해서 레그헤모글로빈으로 붉은 색을 내고 코코넛 오일과 해바라기유로 육즙을 대신합니다.

레그헤모글로빈은 콩과 식물의 뿌리혹박테리아에 있는,

철을 함유한 색소입니다. 우리 몸속에서 피를 운반하는 헤모글로빈과 유사하지요. 그러나 임파서블 버거의 레그헤모글로빈은 콩의 뿌리혹에서 추출한 것이 아니라 유전공학 기술로 변형한 맥주 효모에서 추출한 것입니다. 일종의 유전자변형생물GMO이지요. 직접 콩의 뿌리에서 뽑아내는 건 비용이 너무 많이 들기 때문에 이런 방식을 택합니다. 물론 미국 식품의약국FDA으로부터 안전하다고 인정은 받았지만 유기농 라벨을 붙이진 못합니다.

동물세포를 배양해서 만드는 배양육은 아직 상용화되진 않았지만 2020년에는 시중에 나올 것으로 예상됩니다. 배양육 생산은 몇 단계를 거치는데, 일단 동물의 특정 부위 세포를 떼냅니다. 그리고 그중 줄기세포를 추출하지요. 이를 소에게서 얻는 소태아 혈청 속에 넣어주면 줄기세포가 혈청을 흡수하여 근육세포로 분화하고 근육조직이 됩니다. 몇주 뒤에는 국수가락 모양의 단백질 조직이 만들어지지요. 2013년 시제품이 만들어졌을 때는 배양육으로 만든 버거 패티 하나에 2500달러였지만 지금은 250달러로 가격이 낮아졌습니다.

그러나 배양육에는 몇 가지 단점이 있는데, 우선 시간이 많이 걸립니다. 치킨너깃 하나 만드는 데에 2주가 걸리지요. 그리고 온실가스 감축 효과가 7퍼센트에 불과합니다. 세포 배양에 쓰이는 유전공학 기술인 유전자편집 기술도 문제가 되고 있습니다. 유럽에서는 유전자편집 또한 GMO로 간주하기 때문이지요.

대체육과 배양육, 두 종류의 제품은 지난 시기 맛에서는 큰 진전을 이루어냈습니다. 지금은 먹어본 많은 사람이 진짜 고기와 구분을 잘 못할 정도니까요. 대체육은 가격도 실제 고기와 비슷하게 맞춰가고 있습니다. 배양육은 아직 비쌉니다. 우리나라에서 구입할 경우 패티 하나에 60만원이 넘으니까요. 그러나 대량생산이 이뤄지면 1만 원대까진 내려갈 수 있을 것으로 보입니다. 그래도 비싸지요. 이는 배양액으로 쓰이는 소태아 혈청이 아주 비싸기 때문인데요. 현재 대체 혈청의 시제품이 개발되고 있습니다.

대체육은 소비자들의 반응이 좋아서 점점 시장을 넓히는 중입니다. 미국의 경우 시장 규모가 2018년 14억 달러에서 2023년 25억 달러로 커질 것으로 예상됩니다. 맥도날드도 식물성 패티로 만든 버거를 팔기 시작했고 네슬레도 식물육으로 만든 인크레더블 버거를 내놨습니다. 배양육은 앞으로도 갈 길이 멉니다. 그래도 배양육에 대한 연구와 수요가 계속되는 이유는 대체육과는 달리 '진짜' 고기라는 점 때문일 것입니다. 하지만 온실가스 감축 효과만을 봤을 때는 배양육보다 대체육이 더 적절한 대안으로 보입니다.

어찌되었건 축산업은 다양한 환경적·윤리적 문제를 안고 있습니다. 따라서 앞서 이야기한 여러 방법의 결론은 축산업 자체의 축소로 귀결됩니다. 물론 어느 나라 정부고 자신들의 축산업 규모가 줄어드는 것을 바라진 않습니다. 축산업 관계자들도 마찬가지겠지요. 하지만 기후변화라는 전 지구적 위기에 축산업의 축소를 지향해야 한다는 전제 아래, 피해를 보는 사람들을 위한 대책을 세워야 합니다.

벼농사와 온실가스

이건 아시아의 특수한 상황이기도 한데, 벼농사는 특이하게도 다른 작물과 달리 온실가스를 많이 내놓습니다.[3] IPCC 2014년 보고서에 따르면 농업부문의 온실가스 배출에서 벼 재배가 차지하는 비중은 10퍼센트로 작지 않습니

---

3 「벼농사와 온실가스, 그리고 대안」, 기후변화행동연구소, 2018년 5월 15일. http://climateaction.re.kr/index.php?mid=news01&document_srl=174777

산림화재 5

분뇨처리 7

벼 재배 10

화학비료 13

가축분뇨 16

장내발효 40

그림 13 농업부문 온실가스 배출 원인별 비율(%)

다(〈그림 13〉). 농업 기계나 수송, 화학비료나 농약 생산 등
에서 배출되는 이산화탄소를 제외하고 그 자체로는 탄소중
립적인 대부분의 곡물과 달리, 벼는 생장 과정에서 다량의
메탄은 배출하기 때문입니다. 특히 우리나라처럼 수생 재
배하는 벼는 뿌리와 물, 유기물의 화학 변화를 통해 메탄이
생성되어 공기 중으로 방출됩니다. 물론 우리나라의 벼농
사가 남한 전체의 온실가스 배출에서 많은 비율을 차지하
는 것은 아닙니다. 약 0.3퍼센트 정도에 불과하지요. 여기
에 화학비료나 농약, 기계 사용 및 운송에서 배출되는 양을

포함하면 더욱 늘겠지만요.

기후환경행동연구소에서는 이런 상황을 돌파하기 위해 대담한 제안을 합니다. 농경지의 10퍼센트를 아예 태양광발전 부지로 돌리자는 것이지요. 연구소에서는, 농경지를 태양광발전 부지로 돌리고 현지 농민들에게 유지·보수를 맡기면 농민들에게 돌아갈 이익도 벼농사를 지을 때의 두 배 이상이 되고 재생에너지 발전량도 대단히 크게 증가할 수 있다고 합니다.

과학기술에
거는 기대

제6장

기후위기 속에서 과학기술에 거는 기대도 큽니다. 새로운 기술이 개발되어 이산화탄소 발생량을 획기적으로 줄이거나 대기 중의 이산화탄소를 대거 흡수할 수 있으면 좋겠다는 바람이지요. 실제로 과학자들은 이에 대한 연구를 활발히 진행하고 있습니다. 하지만 과학에게 기대를 걸고 모든 걸 맡기는 일은 경계해야 합니다. 과학이 마술도 아니고, 과연 우리의 기대를 모두 충족시킬 수 있을까요? 현 시점에서 과학기술이 기후위기에 어떻게 대처하고 있는지 살펴봅시다.

사실 핵융합발전을 좀 아시는 분들은 모두 어서빨리 핵융합발전이 상용화되기를 바랄 겁니다. 하지만 상용화까지 얼마나 걸릴 지는 전문가들도 저마다 예측이 다릅니다. 핵융합발전은 간단히 말해서, 수소원자의 동위원소인 중수소의 원자핵 둘로 헬륨 원자핵을 만들고 이 과정에서 빠져나오는 에너지를 이용해 전기를 만들자는 이야깁니다. 지금 태양이 만들어내는 빛에너지가 바로 이 핵융합으로 만들어지지요.

똑같이 원자핵을 이용하는 현재의 원자력발전과 다른 점은 먼저 핵융합 과정에서 만들어지는 헬륨 원자핵이 방사능을 띠지 않는 안전한 물질이라는 점입니다. 지금의 원자력발전이 문제가 되는 가장 심각한 이유는 사용 후 핵연료가 반감기가 아주 긴 고준위 핵폐기물이 되기 때문인데, 일단 핵융합발전은 이 점에 있어서 안심입니다. 둘째로 연료로 사용하는 중수소를 아주 쉽게 얻을 수 있다는 점이 다릅니다. 중수소는 물분자를 분해해서 얻을 수 있는데, 다행히 지구는 지표의 70퍼센트가 바다입니다. 즉, 핵폐기물도 거의 없고 연료도 풍부하고 또 어느 나라에 치우치지도 않는다는 장점이 있습니다. 원자력발전에 사용되는 우라늄은 카자흐스탄과 캐나다, 호주, 니제르, 나미비아, 러시아, 등이 전 세계 생산량의 83퍼센트를 차지하며 매장량도 비슷하게 이 나라들이 독점하고 있습니다. 즉, 이들 나라에 의해 전기 수급이 좌우된다는 뜻이지요. 반면에 핵융합발전은 어디에나 있는 바닷물을 이용하기 때문에 비교적 평등한 발전 방식입니다.

하지만 기술적 문제가 만만치 않습니다. 핵융합발전의 아이디어는 20세기 중반부터 나왔고 관련 연구도 벌써 60년이 넘도록 진행되고 있지만, 아직도 상용화되지 못했다는 건 일이 그리 쉽지 않음을 보여줍니다. 핵융합을 일으키려면 중수소 원자핵이 아주 빠른 속도로 서로 부딪쳐야 하는데, 원자핵들은 모두 플러스 전기를 띠기 때문에 서로 전기적 반발력이 강하지요. 이 반발력을 뚫고 중수소 원자핵이 핵융합을 할 만큼 서로 가깝게 가도록 하려면 아주 높은 온도와 압력이 필요합니다. 태양이야 워낙 중심부의 압력과 밀도가 높아 낮은 온도에서도 핵융합이 이루어지지만, 지구에서 이런 일이 일어나려면 약 1억 도의 온도가 되어야 합니다.

1억 도를 견디는 기구는 세상에 없지요. 따라서 과학자들은 중수소의 원자핵으로 이루어진 플라즈마를 자기장에 가두는 방식으로 이 문제를 해결하려고 합니다. 그런데 이 게 의미가 있으려면 1억 도의 온도에서 어느 정도의 시간 동안 플라즈마가 일정한 압력을 가진 상태로 존재해야 하는데, 이 지속시간을 늘리는 것이 아주 힘듭니다. 이 분야에서 세계 최고 수준의 기록을 가진 우리나라는 2019년에 1억 도의 온도를 겨우 1.5초간 유지하는 데에 성공합니다. 세계적인 성과라고 해도 아직 갈 길이 먼 것이지요. 현재 핵융합발전을 위한 연구 시설인 KSTAR(초전도핵융합연구장치)의 최종 목표는 1억 도를 300초간 안정적으로 유지하는 것입니다. 이 정도라면 상용화를 시작할 수 있다고 보는 것이지요. 국제적인 시설로는 한국, 미국, 중국, 일본, 유럽연합, 러시아, 인도 7개국이 참여하여 프랑스 남부에 건설 중인 국제핵융합실험로ITER가 있습니다. 2025년 준공, 2035년 핵융합로 완전 가동을 목표로 삼고 있습니다. 이 계획대로 된다면 2050년 정도에 상용 발전이 가능할 것으로 전문가들은 전망합니다.[1]

---

1 「한국 인공태양 1억℃ 첫 달성⋯세계 핵융합 이끈다」, 『중앙일보』, 2019년 2월 13일. https://news.joins.com/article/23366457

그러나 예상대로 된다고 하더라도 기후위기가 다가오는 속도와 비교하면 늦습니다. 현재의 기후위기 진행 속도를 보면 2050년 이전에 임계점에 도달할 것이기 때문이지요. 더구나 핵융합로가 상용화된다 할지라도 기존 발전 시스템을 모두 대체하기까지 꽤나 긴 시간이 걸릴 것입니다. 즉, 계획대로 되더라도 21세기 후반은 되어야 성과가 나타날 수 있다는 뜻이죠. 더구나 2050년에 과연 상용화가 가능할지 꽤나 많은 전문가가 회의적으로 보기도 합니다.

현재로선 핵융합발전이 하루바삐 상용화되길 바라면서도, 다른 대책을 통해 1.5도 임계점에 도달하는 시간을 최대한 늦추는 것이 중요합니다.

이산화탄소 포집과 저장

이산화탄소를 제거하는 기술은 크게 두 가지로 나뉩니다. 대기 중의 이산화탄소를 흡수하는 기술과 발전소 등에서 나오는 이산화탄소를 발생 즉시 제거하는 기술이지요.

우선 화석연료로 전기를 생산하는 발전소에서 이산화탄소를 수거하는 방법을 알아보지요. 이 기술은 따로 이산화탄소 저감 장치라고도 말합니다. 2014년 캐나다 서스캐처원주에 세계 최초로 상업적 규모의 이산화탄소 포집 저장 Carbon Capture and Storage, CCS 시설인 바운더리 댐Boundary Dam이 가동되었습니다.[2] 이 시설은 최대 25만 대의 자동차가 내놓는 정도의 이산화탄소를 저장할 수 있습니다. 일종의 발전소인데, 화학 용매를 이용하여 연료 사용 후 발생되는 연기에서 이산화탄소를 포집합니다. 그 다음에 이를 지하 깊은 곳에 묻어두지요. 화석연료를 사용하지만 이산화탄소가 전혀 나오지 않는 방식입니다.

문제는 시설을 건설하는 데에 비용이 아주 많이 든다는 점이지요. 그러니 시범적 설치는 몰라도 기존의 화력발전소를 이러한 CCS 장치를 갖춘 형태로 바꾸려면 정부의 재정 지원이 필요합니다. 또한 아주 대규모가 아니면 의미가 없다는 점도 지적해야 합니다. 바운더리 댐은 매년 백만 톤 규모의 이산화탄소를 감소시키는데, 의미 있는 결과를 얻으려면 최소한 수천만 톤의 이산화탄소를 포집할 수 있어야 합니다. 그렇게 큰 돈을 들여 규모가 커진다면 전기 생

---

2 「이산화탄소 포집 기술은 지구온난화의 해결책이 될 수 있을까」, GE리포트 코리아, 2015년 12월 29일. https://www.gereports.kr/carbon-capture-and-storage/

제6장 과학기술에 거는 기대

산 비용 또한 올라갈 것입니다. 화석연료를 사용하는 발전소에 이런 장치까지 설치하기보다는 차라리 재생에너지에 그 비용을 투자하는 것이 더 나을 수도 있습니다.

그러나 재생에너지 발전이 어려운 지역이나 국가에서는 CCS 방식을 생각해볼 수 있습니다. 물론 재생에너지의 한계는 슈퍼그리드라는 개념으로 극복할 수 있지만, 이 부분은 뒤에 따로 다루기로 하겠습니다(제7장 참조). 또 하나, 발전소만 이산화탄소를 내놓는 것이 아닙니다. 화석연료를 이용하여 고온을 만드는 작업장에서는 모두 이산화탄소가 엄청나게 발생합니다. 제철, 석유화학, 제지 산업 등이 모두 해당됩니다. 이런 곳에도 이산화탄소를 수거하는 장비를 설치해야겠지요.

우리나라에서는 한국 이산화탄소 포집 및 처리 연구개발센터에서 이산화탄소를 수거하는 장치를 연구·개발하고 있습니다. 이 장치는 습식, 건식, 분리막 공정으로 나뉘어 화력발전소와 제철소, 시멘트 공장에서 배출되는 이산화탄소를 포집하여 전환합니다. 하지만 아직 기술개발 단계라서 성능 검증은 미비한 수준입니다.

또 스위스의 클라임웍스Climeworks라는 회사는 공장이나 발전소에서 배출되는 이산화탄소를 포집한 뒤 이를 정제해서 작물에 공급하는 시스템을 연구하고 있습니다. 특별히 고안된 필터를 이용해서, 배출되는 가스 중 이산화탄소만을 포집한 뒤 이를 파이프를 통해 채소가 자라는 온실에 공급합니다. 온실 내의 이산화탄소 농도가 높아지면 광합성 속도도 빨라진다는 점을 이용하는 것이지요. 현재로서는 공급 비용이 높아서 경제성이 없지만, 이산화탄소의 톤당 공급 가격을 현재 615달러에서 2030년 100달러 수준까지 낮추면 경제성이 있을 것이라고 클라임웍스는 주장합니다. 그러나 그 시스템의 크기와 비용이 걸림돌이 된다고 비판하는 전문가들도 있습니다.

두번째로 대기 중의 이산화탄소를 흡수하는 방식을 알아보지요. 사실 우리는 대기 중의 이산화탄소를 흡수하는 방법을 이미 사용하고 있습니다. 바로 나무를 심는 것이지요. 나무를 심으면 이산화탄소 흡수 외에도 사막화를 방지하고 생태계를 더욱 활성화시키는 등 다양한 효과가 나타납니다. 나무 심기 말고도 바이오매스를 연료로 한 발전소를 건설하는 방법도 있습니다.

대기 중의 이산화탄소를 제거하는 새로운 기술을 시도하는 기업도 있습니다. 캐나다의 카본엔지니어링Carbon Engineering이란 기업은 '직접공기포획Direct Air Capture, DAC' 방법을 씁니다. 공기에 포획 용액을 뿌린 후 대형 풍력기로 이산화탄소를 빨아들이는 것이죠. 포획된 이산화탄소 용액은 여러 과정을 거친 뒤 순수한 이산화탄소와 물이 됩니다. 이렇게 포집된 이산화탄소는 다양한 형태의 액체연료로 전환될수 있습니다. 이전에는 톤당 제거 비용이 600달러였으나 최근 개선 작업을 통해 톤당 100달러로 줄어들었다고 합니다. 이 비용이 톤당 90달러까지 줄면, 전환된 액체연료는 리터당 1달러 정도의 비용으로 생산할 수 있을 것으로 예측합니다. 이 정도 비용이면 저탄소 연료에 대한 정부 지원을 가정할 때 경제성이 있다고 볼 수 있습니다.

지금까지 설명한 이런저런 방법보다 더 중요한 점이 있습니다. 이산화탄소 제거 기술이 이산화탄소 배출량 감소를 저해하는 요소가 되어서는 안 된다는 것이지요. '제거 기술이 있으니 이제 마음껏 배출해도 되겠지?'라고 안이하게 생각해선 안 되며, 이산화탄소 포집과 저장은 지구온난화 대처 전략의 작은 일부분밖에 안 된다는 점을 분명히 해야 합니다. 미국 과학·공학·의학아카데미NASEM는 2018년 발표한 보고서에서, 대기 중의 이산화탄소를 제거하는 마이너스 배출 기술을 이야기하면서 동시에 "기후변화 문제를 대처하는 핵심은 배출량 감소에 있다"고 강조하고 있습니다. 카본엔지니어링의 수석과학자 데이비드 키스 역시 "인류가 화석연료를 계속 사용하며 온실가스를 배출하면서 제거기술을 통해 균형을 맞추겠다는 생각은 보트를 구하기 도 전에 물이 새는 구멍을 막은 마개를 빼는 미친 짓"이라 고 했습니다.[3]

에너지 절감 기술과 1인당 에너지 소비량

컴퓨터를 예로 들어봅시다. 제가 처음으로 컴퓨터를 접했 던 1990년대 초의 모니터와 본체는 책상 위에 놓기 힘들 정도로 덩치가 컸지만, 하드디스크 용량은 겨우 10메가바 이트였고 메모리도 256킬로바이트 정도밖에 되질 않았습 니다. 지금 이 책을 쓰는 데에 사용하는 컴퓨터는 하드디스 크 용량이 1테라바이트에 메모리가 16메가바이트입니다. 중앙처리장치CPU의 기능도 그때와 비교할 수 없을 정도로 좋지요. 즉, 이전의 컴퓨터에 비해 같은 시간에 처리할 수

---

3 「기후변화 대처 전략 CO2 배출 억제에서 제거로 바뀌나」, 『사이언스타임즈』, 2018년 10월 26일. https://www.sciencetimes.co.kr/?news=기후변화- 대처-전략-co2-배출-억제에서-제거로-바뀌나

있는 능력이 열 배는 더 좋아졌습니다. 그러나 사용하는 전기는 두 배도 안됩니다. 컴퓨터를 구성하는 각각의 부품들이 이전보다 적은 전기를 사용해서 움직일 수 있기 때문이지요. 노트북도 휴대폰도 마찬가지입니다. 가전제품이라고 다를까요? 요사이 모든 가전제품은 에너지효율등급을 표시하게 되어 있습니다. 우리가 더 높은 등급을 선호하면서, 같은 일을 하더라도 더 적은 에너지를 쓰는 제품이 시장에 나오게 됩니다. 전자제품만 그런 것도 아닙니다. 우리가 타고 다니는 자동차도 10년 전과 비교하면 연비가 아주 좋아졌습니다. 모두 에너지를 절약하기 위한 노력 때문이지요.

그런데 왜 우리가 사용하는 에너지양은 갈수록 늘어만 가는 걸까요? 정보통신 산업이나 자동차 산업 등 모든 산업은 기본적으로 에너지 절약형 제품을 만들려고 합니다. 마케팅 측면에서 대중적 요구를 맞추고 또 제도적 측면에서도 지속적으로 강제되기 때문이지요. 그러나 동일한 퍼포먼스에 한정된 이야기일 뿐입니다. 저만 해도 이 글을 쓰면서 모니터 두 대를 컴퓨터에 연결하여 아래아한글로 글을 쓰고, 크롬 브라우저에 창을 열 개 가까이 띄우고, 엑셀 프로그램도 열지요. 그 외에 일이 지루하지 않도록 유튜브로 노동요도 듣습니다. 가끔은 파워포인트도 같이 띄우고요. 이전의 컴퓨터라면 여섯 대를 동시에 켜야지 가능한 작업입니다.

과거에 대부분의 사람들은 그렇게 여러 컴퓨터로 동시 작업하지 않았습니다. 그러나 이젠 그게 가능해졌지요. 개별 작업에 드는 에너지는 줄었지만 우리가 쓰는 에너지의 총량이 느는 까닭입니다. 자동차도 같은 중량으로 같은 거리를 달리는 데 드는 휘발유의 양은 줄었습니다. 하지만 그 대신 여러 가지 기능이 추가되었지요. 에어컨을 켜고, 난방을 틀고, 음악을 듣고, 인터넷에 연결되고, 블랙박스로 촬영을 하고, 심지어 냉장고가 비치된 경우도 있지요. 이전의 자동차라면 없었을 기능입니다. 이 모든 기능이 우리가 차를 타고 가는 행위를 더 안전하고 편리하게 해주지만, 동시에 소모되는 에너지의 총량도 늘어납니다.

집도 마찬가지입니다. 냉장고도 세탁기도 에너지 효율이 높아졌습니다. 그러나 그뿐입니다. 냉장고와 세탁기는 덩치가 더 커졌습니다. 그냥 냉장고 외에 김치냉장고도 거의 필수품으로 자리잡았고 선풍기 대신 에어컨이 들어왔지요. 습기제거기도 있고 공기정화기도 놓였습니다. 화장실엔 비데가 있고 전동칫솔도 있습니다. 한 집에 하나였던 화장실은 방마다 비치되었고 인덕션도 들어왔습니다. 요새는 에

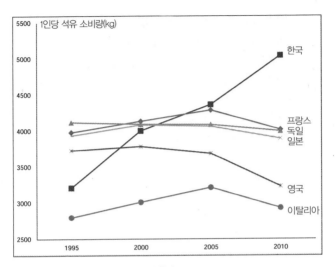

그림 14 주요 국가의 1인당 에너지 소비 추이

어프라이어도 있지요. 결국 개별 제품에서의 에너지 효율이 높아지는 것이 우리의 총 에너지 사용량을 결코 줄이지 못하는 현실입니다.

개인뿐만 아니지요. 여름이면 강력한 에어컨을 틀고 문을 연 채 호객을 하는 상점들도 예외는 아닙니다. 백화점이나 식당도 마찬가지죠. 사람을 상대하는 많은 업종에서 이전보다 더 많은 에너지를 사용합니다. 우리나라의 1인당 에너지 소비량은 석유로 환산했을 때 2014년 5.32톤에서

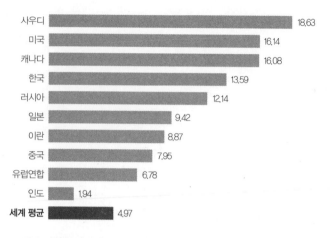

그림 15 2018년 주요 국가의 1인당 이산화탄소 배출량(톤)

2017년 5.73톤으로 늘어났습니다(〈그림 14〉). 일본이나 미국, 영국, OECD 전체 평균은 그 기간 동안 에너지 소비량이 오히려 낮아졌는데 말이죠. 이에 따라 1인당 이산화탄소 배출량도 우리나라가 상위를 차지합니다. 〈그림 15〉에서 보다시피 주요 국가 중 1인당 이산화탄소 배출량으로 따져 우리는 미국과 캐나다 다음에 해당합니다. 러시아나 일본, 중국보다 훨씬 높고 세계 평균에 비하면 거의 세 배에 가깝습니다.

이는 물론 시민들만의 문제는 아닙니다. 1인당 에너지

제6장 과학기술에 거는 기대

소비량에는 산업부문의 것도 들어가는 데다가, 우리나라는 상대적으로 에너지를 많이 쓰는 산업이 집중되어 있어 오히려 개인보다 산업이 더 큰 영향을 미치지요. 하지만 그렇다고 치더라도 현재의 소비 패턴은 분명히 문제가 있습니다. 에너지 절감 기술이 아무리 뛰어나더라도 우리가 사용하는 에너지가 저절로 줄어들지는 않지요. 우리 스스로 에너지를 덜 쓰는 노력을 하지 않으면 이산화탄소는 끊임없이 나오게 될 것입니다. 에너지 절감 기술을 개발하고 그 효율을 높이는 것은 무척이나 중요한 일이지만, 그 기술이 우리가 에너지를 펑펑 쓰게 해주는 면죄부 역할을 할 순 없지요.

과학기술을 통해 해결할 수 있는 지점에는 분명히 한계가 있습니다. 기술을 연구하는 학자들의 수도 제한되어 있고, 연구에 들어갈 자금도 무한정이 아닙니다. 더구나 기술이 실제 상용화되기 위해선 정부의 투자와 기업의 참여가 필요한데, 이는 과학자의 노력만으로 풀릴 문제가 아닙니다. 예를 들어 바이오매스나 재생에너지를 통해 생산되는 전기는 기존 화석연료보다 원가가 높습니다. 당연히 경제성이 떨어집니다. 그래서 정부가 보조금을 지급하는 등의 정책을 펼칩니다. 이산화탄소 저감 장치도 마찬가지입니다. 저감 장치를 달고 운영하려면 더 많은 비용이 필요합니다. 저감 장치로부터 만들어지는 액체연료를 판다고 하더라도 손해가 나지요. 지금은 그 손해의 폭이 큽니다. 결국 누군가는 비용을 대야 하는데, 이윤 추구를 목표로 삼는 대부분의 기업은 스스로 손해를 감수하지 않습니다. 결국 소비자나 정부가 나서서 탄소세를 물리는 등의 압박을 가해야 할 것입니다.

제7장

신재생에너지와
스마트 그리드

태양광발전

화석연료 외에 전기를 얻는 방법으로 신재생에너지를 들
수 있습니다. 신재생에너지의 범주에는 태양광발전, 풍력
발전, 지열발전, 온도차발전, 조력발전, 파력발전 등 다양
한 방법이 있습니다. 하늘에서든 바다에서든 일단 에너지
를 얻을 수 있는 모든 방법을 강구해보는 것이지요. 우리나
라에서 가장 활발하게 사업이 진행되는 것은 태양광발전과
풍력발전입니다. 전 세계적으로도 두 분야에 연구가 집중
되고 있지요.

태양광발전은 태양전지를 이용해 햇빛을 전기에너지로

바꾸는 것이 핵심입니다. 금속이 빛을 받으면 전자를 내놓는 광전효과를 이용하지요. 태양광발전의 장점은 명확합니다. 이산화탄소가 거의 발생하지 않는 것과 태양빛이 존재하는 한 계속 전기를 생산할 수 있다는 것이죠. 태양광발전 면적 1헥타르에서 저감되는 이산화탄소는 281톤으로, 잣나무숲 1헥타르와 비교했을 때 100배 이상의 효과를 낳을 수 있습니다. 물론 그렇다고 숲을 밀어버리고 태양광 패널을 설치하는 건 말도 안 되는 이야기지만요. 태양광발전의 또 다른 장점은 유지·보수에 비용이 적게 들고 수명이 길다는 것이지요. 발전 설비의 핵심인 태양전지는 수명이 25~30년 정도 됩니다. 다른 재생에너지에 비해 주변에 환경오염을 일으킬 걱정이 거의 없다는 것도 커다란 장점입니다. 또한 발전 효율이 가장 좋을 때가 전기 사용량이 가장 많을 때(여름 한낮)와 맞아떨어진다는 점도 장점입니다.

하지만 장점만 있을 수는 없지요. 우선 태양광 패널 자체의 효율이 매년 떨어진다는 가벼운 단점이 있습니다. 연간 0.3~0.8퍼센트 감소합니다. 최대 0.8퍼센트씩 감소한다고 계산해보면 25년 뒤에는 약 82.45퍼센트로 효율이 떨어집니다. 이를 토대로 패널의 수명을 25~30년으로 잡는 것이지요. 하지만 우리가 가전제품을 품질보증기간 이후에도 사용하는 것처럼, 태양광 패널도 관리만 잘 되면 수명이 지나도 쓸 수 있기는 합니다.

무엇보다 태양광발전의 가장 큰 단점은 시공간적 제약이 크다는 것입니다. 아직 단위면적당 발전 효율이 떨어지기 때문에 넓은 땅을 요구합니다. 하지만 우리나라처럼 좁은 국토에서는 이렇게 넓은 곳을 확보하기 힘들지요. 더구나 발전을 하자고 삼림이나 농지를 태양광 패널로 덮어버리는 것은 과연 환경에 이로운 것이냐는 비판적인 지적이 많습니다. 대규모의 태양광발전 단지를 조성하는 것은 무리가 있다고 여겨집니다.

이러한 단점들은 기술적인 문제로 인해 발생하며, 재생에너지에 대한 기대와 관심이 높아지고 연구와 투자가 활성화되면서 점점 나아지고 있습니다. 2019년 초 국내 태양광 모듈 생산 업체가 20퍼센트 효율을 달성했습니다. 과거 15퍼센트 효율을 내는 모듈로부터 약 10년 정도 걸린 셈입니다. 그리고 기술 발전으로 패널 사용 지속시간도 늘어나는 중입니다. LG전자가 2019년 새로 개발한 모듈은 초기 효율 22퍼센트에, 설치 후 25년까지 최대 출력의 90퍼센트 가량의 발전 성능을 보증하기도 합니다. 이렇게 단점이 조금씩 개선되고 있지만, 대규모 발전을 위해 막대한 토지가 필요하다는 사실에는 큰 변화가 없습니다. 우리나라로서는 이러한 대규모 시설을 만들 곳이 별로 없지요. 대신 가정이나 공장, 건물 지붕 혹은 도로 주변 등에 작은 규모의 시설을 확충하는 식으로 태양광발전이 이루어져야 할 것입니다.

또 하나, 흔히 태양광 패널에서 중금속이 나오며 폐기물 처리에 문제가 있다는 이야기도 많은데, 이는 엉터리 정보입니다. 태양광 패널의 핵심 부품인 태양전지는 만드는 방법에 따라 결정계와 박막계로 나뉘는데, 이 중에서 박막계가 카드뮴과 텔레늄 등의 중금속으로 만들어집니다. 그러나 우리나라에선 박막계 태양전지를 생산하지 않고 보급 또한 되지 않고 있습니다. 카드뮴 사용이 금지된 나라가 많기 때문에 전 세계적으로도 별로 많이 쓰이지 않지요. 2017년 자료를 보면 박막계 태양전지는 총 생산량의 4.5퍼센트만을 차지하고 있습니다. 그리고 박막계 중에서도 카드뮴을 사용하는 경우만 따로 떼어서 보면 전체 태양전지 생산량의 2.3퍼센트에 불과한 실정입니다.

태양광 패널에는 태양전지 외에 다양한 부품이 들어갑니다. 그중 강화유리가 65~85퍼센트, 알루미늄이 10~20퍼센트로 대부분을 차지합니다. 이들은 재활용이 가능하지요. 2018년 한국환경정책·평가연구원이 국립환경과학원에 의뢰한 국내 태양광 폐패널 유해물질 분석 결과에 따르면, 모든 중금속이 지정폐기물 기준 미만임을 확인할 수 있습니다.[1]

그러나 태양광 폐패널에 대한 대책이 아주 필요없는 것은 아니지요. 그래서 정부도 태양광 폐패널을 '생산자책임재활용' 품목에 포함시키겠다고 발표합니다. 일반적인 제품은 생산자가 판매하는 시점까지만 책임을 진다면, 생산자책임재활용 제품은 사용 후 폐기물까지 생산자가 책임지는 것이지요. 물론 유해물질 문제는 계속 지켜봐야겠지만, 이 때문에 태양광발전에 심각한 문제가 있다고 보기는 어렵습니다.

태양광발전이 화력발전을 대체하는 아주 합리적이 대안이 될 수 있는 곳은 사막이나 건조지역입니다. 몽골이나 사하라 같은 아프리카의 사막, 미국의 중서부, 오스트레일리아의 사막 지역 등이 일조량 면에서 대단히 유리하지요. 이런 곳에서는 생태계에 큰 문제없이 태양광발전을 통해서

---

1 이헌석, 「태양광 패널은 안전…'중금속 괴담' 주범은 핵발전 옹호진영」, 『뉴스톱』, 2018년 11월 27일. http://www.newstof.com/news/articleView.html?idxno=1096

많은 에너지를 생산할 수 있습니다. 물론 우리나라와 이런 지역과의 거리는 아주 멀지요. 하지만 이런 곳에서 태양광 발전을 통해 생산한 전기로 물을 분해하여 수소를 만들고, 이 수소를 우리나라에 가져와 수소연료차나 기타 필요한 곳에 에너지로 활용하는 방안은 현재 진지하게 검토되고 있습니다.

풍력발전

풍력발전은 바람이 날개를 돌리면 그 힘으로 발전기를 돌려 전기에너지를 얻는 방식입니다. 전자기유도현상을 이용하는 것이지요. 다른 재생에너지에 비해 값이 싸고 바람이 부는 한 별다른 제한 없이 전기를 생산할 수 있는 방법으로, 이산화탄소 발생량도 극히 적습니다. 단, 발전기의 입지 조건이 굉장히 중요합니다. 풍력발전기를 가동하기 위해서는 풍속이 적어도 초속 4미터는 되어야 하고, 경제성을 갖추려면 초속 6~7미터는 되어야 합니다. 특히 풍력에너지는 풍속의 세제곱에 비례합니다. 즉, 풍속이 1.3배가 되면 얻을 수 있는 에너지는 2.2배가 되고, 풍속이 1.7배면 거의 4.9배의 전기를 생산할 수 있지요.

하지만 육상에서의 풍력발전은 여러 가지 문제에 노출되고 있습니다. 가장 먼저 소음 문제입니다. 풍력터빈의 소음은 기계적 원인과 공기역학적 원인 두 가지에 의해 발생합니다. 기계적 소음은 변속기, 전기발생 장치, 축 베어링 등 기계 장치에서 발생하고, 공기역학적 소음은 회전 및 난류 소음을 말하며 회전 날개의 설계 및 풍속에 의해 결정됩니다. 이 중에서 기계적 소음은 기술적으로 해결이 가능하지만, 공기역학적 소음은 터빈이 클수록 더 시끄럽기 때문에 줄이기가 힘듭니다. 따라서 사람이 사는 곳에는 설치하기 힘들지요. 또한 고도가 높을수록 풍속도 빨라지기 때문에 풍력발전기는 높은 산 위에 세우는 것이 보통입니다. 그러나 이렇게 '사람이 드문 높은 산'이란 조건은 필연적으로 환경 훼손으로 이어질 수밖에 없습니다.

현재 풍력발전기가 세워진 곳을 보면 알 수 있습니다. 경북 영덕과 강원 대관령의 풍력발전 단지는 모두 자연을 해치며 세워졌습니다. 풍력발전기로 가는 길을 닦고, 자재를 운반하고 전력선을 연결하는 과정 모두 환경을 훼손합니다. 더구나 풍력발전기에서 나오는 소음은 사람에게만 유해한 것이 아니라 그 주변의 동물들에게도 당연히 좋지 않습니다. 특히 새와 박쥐에게는 치명적입니다. 미국 위스콘신주에서는 풍력발전 단지가 설치된 후 맹금류 개체수가 47퍼센트나 감소했습니다.

그림자 깜빡임 문제도 있습니다. 날개가 회전할 때 햇빛이나 다른 광원에 의해 그림자가 드리워지면서 깜빡이는 효과가 연출되는데 태양의 이동 경로에 따라 그 위치가 계속 변합니다. 또한 날개의 움직임에 의해 전자기적 간섭 효과가 나타나기도 합니다. 이런 문제들은 특히 사람에게 미치는 피해 때문에 논란이 되고 있으며, 따라서 육상 풍력발전은 현재 크게 진전이 없는 상태입니다.

물론 이런 단점의 이면에는 규모의 경제라는 문제가 있습니다. 풍력발전기는 작은 날개보다는 큰 날개가, 낮은 것보다는 높은 것이 발전에 유리하며, 한 대보다는 여러 대를 같이 설치하는 것이 토지 수용 문제 등에서 더 효율적입니다. 더구나 외진 곳에 설치하려면 그곳까지 도로를 놓고 전기선을 끌어들이는 등 추가적인 비용이 발생하는데, 같은 비용으로 발전량을 최대한 많이 늘리고자 대규모 단지를 조성하게 됩니다. 커다란 날개를 단 아주 높은 발전기를 대규모로 건설하려니 인간에게도 문제가 생기고 자연에도 피해가 가는 것이지요.

제7장 신재생에너지와 스마트 그리드

이렇듯 육상 풍력발전이 여러 문제점을 낳고 있기 때문에, 대안으로 해상 풍력발전이 집중적인 조명을 받고 있습니다. 그러나 해상 풍력발전이라고 문제가 없지는 않습니다. 먼저 발전기의 하부 지지대를 건설할 때 해양생태계에 심각한 피해를 준다는 단점이 있습니다. 지지대 설치 과정에서 발생하는 소음에 바닷속 생물들이 민감하게 반응하기 때문인데, 특히 청각이 예민한 고래나 돌고래, 바다표범에게는 치명적입니다. 소음 문제는 건설 후에도 계속 남습니다. 땅 위의 공기 중에서보다 바닷물 속에서 음파가 더 멀리 퍼지고 강도도 더 세다는 점 때문에 더욱 단점이 부각됩니다.

그러나 해상 풍력발전에는 장점도 많은데, 일단 바람의 세기가 세면서도 일정한 편이고 사람에게는 피해가 거의 없다는 점입니다. 특히 해안가에서 먼 바다로 나갈수록 인간에게 미치는 영향도 줄고 바람도 세집니다. 물론 해안까지 긴 송전선을 마련한다든지, 풍랑을 견뎌야 한다든지, 녹이 슬지 않는 재료와 설비를 준비해야 한다든지 하는 문제가 남습니다만, 이는 정말 기술적인 문제일 뿐입니다. 그리고 지지대를 설치하지 않고 부유성 발전기를 띄우는 기술도 개발되고 있습니다. 석유시추선도 바다에 띄울 수 있는

데 발전기를 못 띄울 리가 없지요.

스코틀랜드 인근 북해에 이렇게 세워진 풍력발전 단지가 있습니다. '하이윈드Hywind'라 불리는 이 단지는 해안에서 25킬로미터 떨어진 곳에 위치한 세계 최초의 부유식 해상 풍력발전 단지입니다. 지름 154미터의 날개를 가진 6메가와트급 풍력발전기 다섯 기가 2만 가구가 사용하는 전력을 만들어냅니다. 우리나라도 2020년 4월에 완성하는 것을 목표로 부유식 해상 풍력발전 파일럿 플랜트가 진행되고 있습니다.[2] 또한 현재 동해에서 천연가스와 초경질 원유(비중이 매우 가벼운 원유)를 생산하고 있는 동해-1 가스전은 2021년이면 가스 채굴이 모두 끝나게 되는데, 울산시와 석유공사는 주변 바다에 부유식 해상 풍력발전 단지를 조성하는 사업을 추진하고 있습니다. 계획대로라면 2024년부터 200메가와트 규모의 발전이 이루어질 예정입니다.

환경문제가 없는 것은 아니지만 풍력은 현재 태양광보다 더 중요한 재생에너지원으로 주목받고 있습니다. 이유는 가격 때문이지요. 유럽에서는 풍력으로 생산하는 전기

---

2 이진오, 「당신의 생각보다는 간단하지 않은 풍력발전」, 『시사인』 548호, 2018년 3월 22일. https://www.sisain.co.kr/news/articleView.html?idxno=31453

에너지의 원가가 화력발전과 비슷하거나 오히려 더 낮아지고 있다고도 합니다. 2015년 유럽연합 국가에 새로 설치된 발전 설비 중 풍력이 차지하는 비율이 44.2퍼센트로 가장 높고, 그 다음이 태양광으로 29.4퍼센트를 차지하고 있습니다. 새로 설치되는 발전 설비의 73퍼센트가 풍력과 태양광인 것이죠. 이에 따라 2016년 유럽연합에서 생산하는 총 전력의 15.6퍼센트를 풍력발전이 담당하며 수력을 제치고 발전 비중 3위에 올라섰습니다.[3] 우리나라는 2018년 기준 누적 설비용량 1299메가와트의 풍력발전기를 가지고 있습니다.[4]

온도차발전

온도차발전은 수심에 따른 온도 차이를 이용한 발전이며 주로 그 온도차가 큰 열대지역의 해상에서 이루어집니다. 열대지역 해수면의 온도는 20도를 넘지만, 500미터 아래

3 「국내외 풍력발전 산업 및 기술개발 현황」, 한국풍력에너지학회, 2018.
4 한국풍력산업협회 홈페이지. http://www.kweia.or.kr/bbs/board.php?-bo_table=sub03_03

로 내려가면 4도로 거의 변함이 없습니다. 발전 방식은 이렇습니다. 우선 표층의 따뜻한 물로 기화기 안의 프로필렌이나 암모니아 등의 냉매를 덥혀서 기체로 만듭니다. 기체가 되면 압력이 올라가지요. 이 압력으로 터빈을 돌려 전기를 만듭니다. 터빈을 통과한 기체는 파이프라인을 타고 아래로 내려가 심해의 찬물로 냉각되어 다시 파이프라인을 타고 올라가지요. 이 방법의 장점은 에너지 공급원이 무한하고 이산화탄소가 발생하지 않는다는 것입니다. 더구나 열대지역에서는 밤에도 표층 온도가 크게 내려가지 않기 때문에 24시간 생산이 가능합니다.

그러나 바닷물에 의한 부식과 바다 생물에 의한 오염 문제를 해결해야 하지요. 또한 표층과 심층의 온도차가 별로 나지 않는 온대 이상의 지역에서는 발전이 불가능합니다. 우리나라에서는 2013년 20킬로와트급 해수 온도차발전 시스템이 작동할 수 있음을 실제로 증명했습니다. 지금은 1메가와트급 해수 온도차발전 설비를 제작하여 동해안에서 실증 테스트를 완료했습니다. 이를 기반으로 열대 섬나라인 키리바시공화국과 협약을 맺고 2021년에 키리바시공화국 해역에 발전기를 설치해서 운영할 예정입니다. 만약 안정적으로 운영된다면 키리바시공화국 전력 수요의

6분의 1 정도를 대체할 수 있을 것으로 보입니다. 해수 온도차를 이용하면 발전 이외에 냉난방 시스템도 구축할 수 있습니다.

온도차가 많이 나지 않는 우리나라 해역에선 여름철 낮을 제외하고는 온도차발전이 불가능합니다. 하지만 이 기술을 통해 해외에서 이산화탄소 발생량을 줄일 수 있다면 그 또한 의미 있는 일이 될 것입니다. 우리나라에서는 산업단지와 발전소의 온배수를 이용한 온도차발전을 추진하기도 합니다. 이 경우 온도차가 거의 70도 정도 나기 때문에 해수 온도차발전보다 두 배 이상의 효율을 보입니다만, 아주 큰 규모의 전기를 생산하기는 힘듭니다. 현재는 열대지역에서 발전이 가능한지 기술을 검증하는 차원으로 이루어지는 형편입니다.

온도차발전의 또 다른 형태로 지열발전이 있습니다. 지열발전은 땅속 깊은 곳의 온도가 높다는 것에 착안한 발전입니다. 기본적으로 해수 온도차발전과 비슷한 개념이지요. 지열발전은 두 가지 방식이 있습니다. 화산이 있는 곳 주변은 지하에 마그마가 있기 때문에 그렇지 않은 곳보다 온도가 높습니다. 이런 경우에는 깊이 500미터 정도만 파면됩니다. 그곳의 지하수를 끌어올린 뒤 터빈을 돌려 전기를 만들지요. 이런 발전이 가능한 지역은 한정적이며, 아이슬란드, 뉴질랜드, 일본 등 화산이 많은 곳에서 활발하게 이루어집니다. 아이슬란드는 전체 에너지 사용량의 81퍼센트를 신재생에너지로 충당합니다. 전 세계에서 가장 높은 비율을 자랑하지요. 그중 난방의 88퍼센트, 전기 생산의 30퍼센트를 지열이 담당합니다. 지열 파이프를 땅속에 묻어 농사에 이용하기도 하지요. 버스는 수소를 연료로 움직이는데, 이 수소는 지열발전에서 얻어진 전기로 만들어집니다. 주산업인 어업에 필요한 선박 연료도 수소로 대체하는 중입니다.

물론 아이슬란드와 같은 특별한 곳이 아니더라도 지열발전은 가능합니다. 다른 지역에서는 지하 4~5킬로미터까지 파고 내려가는 심부 지열발전 방식으로 전기를 만드는데, 그 정도 깊이면 화산 지역이 아니더라도 온도가 높습니다. 지하에 물을 주입해 담아 놓으면 온도가 150~170도까지 높아집니다. 땅속은 압력이 높아 100도가 넘어도 물이 부글부글 끓지 않고 액체 상태로 존재합니다. 이 물을 끌어올리면 수증기가 되는데 이를 이용해 터빈을 돌리지요. 이는 꽤 최근에 개발된 신기술이며, 딱히 특별한 곳이 아니어도 된다는 장점이 있습니다. 우리나라 포항의 지열발전소가 대표적입니다. 그러나 이 방식은 2017년 포항 지진으로 커다란 위기에 봉착했습니다. 심부 지열발전소에는 일정한 시기마다 여러 번 물을 주입해야 하는데, 그때마다 약하게나마 지진이 관측되었지요. 특히나 포항 지진이 지열발전 때문에 일어난 것으로 결론 났기 때문에, 지층에 문제가 생기지 않을 새로운 방식이 개발되지 않는 한 심부 지열발전은 당분간 이루어지기 힘들 것으로 보입니다.

스마트 그리드

현재의 전력 시스템은 우리가 실제로 사용하는 전기보다 15퍼센트 정도를 더 많이 생산하도록 설계되어 있습니다. 이를 '전력 공급 예비율'이라고 합니다. 혹시 특별한 상황이 발생하더라도 전력 공급에 차질이 없도록 준비하는 것이죠. 게다가 최대 전력 수요량에 비해 발전 설비를 더 여유 있게 운영하고 있기도 합니다. 이는 '설비 예비율'이라고 합니다. 즉, 어딘가의 발전소는 발전 시스템을 놀리고 있는 거죠. 우리나라는 원자력발전소가 24시간 가동되면서 기본적인 수요를 생산합니다. 그리고 화력발전소가 나머지를 담당합니다. 원자력발전소는 가동을 중단하는 과정도 다시 시작하는 과정도 시간이 오래 걸리기 때문이지요. 화력발전소 중에서도 가동을 중단했다가 재개하기 용이한 천연가스 화력발전소가 가장 많이 놀고 있습니다.

원래 수요보다 많은 전기를 생산하고, 또 발전 설비의 일부가 항상 가동을 중단한 상태에 있다는 건 에너지 효율이 떨어진다는 뜻입니다. 거기다 화력발전소에서는 필요도 없는 전기를 생산하느라 온실가스를 내놓습니다. 꼭 필요한 만큼 전기를 생산하거나 생산량에 맞춰 전기를 사용할 수 있다면 온실가스도 그만큼 덜 나오겠지요. 그런데 이러한 효율성 문제에 있어서 재생에너지는 한 가지 단점을 갖습니다. 바로 균일하고 지속적인 생산이 되지 않는다는 점입니다. 가장 주목 받고 있는 태양광발전과 풍력발전은 둘 다 동일한 단점이 있습니다. 필요할 때 생산할 수 없으며, 해가 떠 있고 바람이 부는 조건이 맞아야 한다는 점이지요.

이런 문제를 해결하는 방법으로 주목받는 것이 스마트 그리드입니다. 스마트 그리드는 전기의 생산, 운반, 소비 과정에 정보통신기술을 접목하여 효율성을 높이는 지능형 전력망 시스템을 말합니다. 이를 통해 필요한 만큼 전기를 생산하거나 생산량에 맞춰 전기를 사용할 수 있게 되면 에너지 효율성을 극대화할 수 있습니다.[5] 스마트 그리드는 특히 국토가 넓은 곳에서 더 효율적이지만, 우리나라에도 충분히 적용하면 좋을 방식입니다. 동해와 남해, 서해 이렇게 우리나라 바다 3면에 풍력발전소를 건설할 경우, 그리고 각 지방에 태양광발전소가 흩어져 있는 경우 한 지점에서의 발전량은 들쑥날쑥 하더라도 평균적인 발전량은 일정한 수준을 유지할 수 있습니다. 이 평균적인 발전량을 기준으로 스마트 그리드가 구축된다면 재생에너지의 효율이 더욱 높아지겠지요.

마이크로 그리드

마이크로 그리드는 자신들이 사용하는 전기를 자체적으로 만드는 소규모 전력 공동체를 말합니다. 자체 전력망 내에서 전기 수요를 100퍼센트 충당하는 것이 이상적이지만, 스마트 그리드와 연계하여 상당 부분은 자체적으로 충당하

---

5 박재용 지음, 『4차 산업혁명이 막막한 당신에게』, 뿌리와이파리, 181쪽, 2018년.

고 모자란 부분만 타 지역이나 발전소에서 공급받는 방법도 있습니다. 우선은 대도시보다 오지나 사막 또는 섬지역 등 전력망을 갖추기 힘든 곳부터 마이크로 그리드 시스템이 운영되고 있습니다. 외부에서 전기를 끌어오기 힘든 그런 곳에서는 자체적으로 재생에너지 생산 시설과 에너지 저장 장치를 갖추는 것이죠.

대부분 태양광발전이나 풍력발전으로 전력생산 기반을 갖추게 되는데, 둘 다 우리가 원하는 대로 에너지를 얻을 수 없고 조건이 맞을 때만 에너지가 만들어진다는 문제가 있지요. 따라서 전력 공급이 넘쳐날 때 이를 저장했다가 모자랄 때 다시 제공하는 에너지 저장 장치가 필수입니다. 그럼에도 더 남는 전기에너지나 모자란 부분은 스마트 그리드와 연계되어 제공하거나 공급받을 수 있지요. 마이크로 그리드는 또 자연재해 등으로 전력 공급이 중단되었을 때의 지역적 대비책이 되기도 합니다. 우리나라에서는 가파도, 가사도 등 섬 지역에 먼저 도입되었습니다. 앞으로 태양광발전이나 풍력발전이 더 활발해지면 해안지방이나 태양광 단지 등에도 마이크로 그리드를 형성할 수 있을 것입니다.

마이크로 그리드는 전기 민주화를 이루는 한 방법이기도

합니다. 지금의 발전 시스템은 한국전력을 중심으로 여기서 분리된 자회사들과 민간 대기업이 주축이 되어 운영되고 있습니다. 외국도 이와 비슷하게 발전 시스템이 중앙집권적입니다. 하지만 재생에너지 기반의 마이크로 그리드가 지역 중심으로 운영되면 각 지역별로 자체 완결적인 전력 공동체를 형성할 수 있게 됩니다. 또한 마이크로 그리드로 전원이 분산되면 전체 스마트 그리드에 안정적으로 전기를 공급할 수 있게 되고 재생에너지의 효율적인 이용도 가능해집니다.

슈퍼 그리드

스마트 그리드에서 한층 더 발전한 개념으로 슈퍼 그리드가 있습니다. 슈퍼 그리드는 여러 나라의 스마트 그리드를 서로 묶어서 사용하는 개념입니다. 가령 우리나라와 일본, 중국, 러시아, 몽골 정도까지가 슈퍼 그리드로 묶일 수 있습니다. 이렇게 더 넓은 지역을 하나의 전력권으로 묶으면 일시적 사고가 나더라도 충분히 대처할 수가 있습니다. 가령 일본이 태풍으로 큰 피해를 볼 때 우리나라를 통해 부족한 전력을 공급받을 수도 있고, 몽골의 태양광발전이 낮 시간 동안 자국 내 사용량보다 크게 늘어나면 중국과 러시아 혹은 우리나라에 여분의 전력을 공급할 수도 있습니다. 특히나 여름 한낮은 대부분의 온대지방에서 냉방 시설의 가동 등으로 전기 수요가 급격히 늘어나는데, 이때 몽골의 태양광이 큰 도움이 되겠지요. 다만 우리나라의 경우 지정학적 문제가 있습니다. 북한과 러시아, 중국이 한편을 먹고 우리나라와 일본, 미국이 다른 한편을 먹어 서로 적대적인 긴장관계를 유지하고 있지요. 그래서 우리나라는 주위의 여러 나라와 슈퍼 그리드로 묶이기 곤란합니다. 하지만 전 세계로 눈을 돌리면 이미 활발하게 진행되고 있다는 걸 확인할 수 있습니다.

대표적인 곳이 북유럽이죠. 북해에 맞닿아 있는 국가인 독일, 영국, 프랑스, 벨기에, 네덜란드, 룩셈부르크, 덴마크, 스웨덴, 아일랜드, 노르웨이가 슈퍼 그리드 구축에 합의했습니다. 현재 최종 500기가와트 전력 공급을 목표로 사업이 진행되고 있습니다. 남유럽-MENA(중동과 북아프리카) 슈퍼 그리드는 사하라사막의 풍부한 태양·풍력에너지를 이용하는 것으로, 현재 33개 기업 및 기관이 참여하여 '사막에너지 후원자들Supporters of Desert Energy' 프로젝트를 추진 중입니다.[6] 나라마다 적합한 재생에너지 발전 방식이 다르고 시간대나 계절별 전력 생산량도 다르니 이를 조절하고 나눌 방법을 찾아야 하는데, 슈퍼 그리드가 그 역할을 할 수 있습니다.

---

6 「탈핵의 에너지 전환과 아시아 슈퍼그리드」, 『한겨레』, 2017년 11월 15일.
http://www.hani.co.kr/arti/politics/diplomacy/819216.html

우리는 지금
무엇을 해야 하나

제8장

기후변화에 관한 협약

이런 상황에서 과연 각국 정부와 유엔은 무엇을 하고 있는
지를 한번 살펴보겠습니다. 세계의 정부들이 완전히 손 놓
고 있었던 것은 아닙니다. 온실가스 감축을 위한 각국 정부
의 노력은 유엔 기후변화 회의를 통한 몇 차례의 협약을 통
해 살펴볼 수 있습니다.

1992년 브라질 리우데자네이루에서 '기후변화에 관한
유엔기본협약UNFCCC'이 채결되었습니다. 사실상 정부간 노
력의 첫 결과물이지요. 각국이 온실가스 방출을 제한하고
지구온난화를 막자고 협의했으나 강제성을 띄지 않는 느슨

한 것이었습니다. 그 뒤 1997년 12월 11일에 다시 교토의
정서Kyoto Protocol가 채택됩니다. 교토의정서는 지구온난화
의 규제 및 방지를 위한 국제 협약인 유엔기본협약의 수정
안이죠. 일본 교토에서 개최된 지구온난화 방지 교토 회의
제3차 당사국 총회에서 채택되었고 2005년 2월 16일 발
효되었습니다. 정식 명칭은 '기후변화에 관한 국제연합 규
약의 교토의정서'입니다. 여기서는 선진국 전체의 온실가
스 배출량을 1990년 수준보다 5.2퍼센트 감축할 것을 목
표로 했습니다. 하지만 미국은 발효되기도 전인 2001년에
탈퇴했고 중국과 인도는 애초에 포함되지도 않았지요. 온
실가스 배출국 중 가장 큰 비율을 차지하는 세 나라가 빠진
다음 캐나다, 일본, 러시아가 빠지면서 교토의정서는 의미
를 상실하게 됩니다.[1]

이후 파리에서 열린 2015년 유엔 기후변화 회의에서
파리협정Paris Agreement이 체결됩니다. 2016년 11월 4일부
터 포괄적으로 적용되었고 국제법의 효력을 가지고 있지
요. 주요 사항은 지구 평균온도 상승폭을 산업화 이전 대비

---

1 「선진국 탈퇴 도미노?…교토의정서 존폐 위기」, 『중앙일보』, 2011년 12월
13일. https://news.joins.com/article/6886863

2.0도 이하로 유지하고 더 나아가 1.5도 이하로 제한하기 위해 함께 노력하자는 것입니다. 각국은 이에 따라 온실가스 감축 목표를 스스로 정해 국제사회에 약속하고 이 목표를 실천해야 하며, 국제사회는 그 이행을 공동으로 검증하게 됩니다. 2017년 미국 트럼프 정부가 교토협약에 이어 다시 파리협정에서도 탈퇴 선언을 했지만, 나머지 200여 국가가 협정을 이행 중입니다.

2018년 인천 송도에서 열렸던 제48차 IPCC 총회에서는 「지구온난화 1.5℃」 특별 보고서가 채택됩니다. 보고서에서는 지구온난화를 1.5도로 제한하기 위해 이산화탄소 배출량을 앞으로 2030년까지 2010년 대비 최소 45퍼센트로 줄이고 2050년경에는 '넷 제로net zero'[2]로 만들어야 한다고 이야기합니다. 이에 따라 같은 해에 폴란드 카토비체에서 열린 '제24차 유엔기후변화협약 당사국총회COP24'에서는 파리협정에 대한 세부 이행지침을 마련하지요. 하지만 유엔기후협약 당사국총회의 모습은 많이 아쉽습니다.

우선 1.5도로 온도 상승을 제한하기 위한 방법으로 원자

---

2 온실가스가 배출되는 만큼 흡수도 되어, 연간 온실가스 방출량 총합이 0이 되는 것을 의미합니다.

력발전의 증가를 내세우고 있다는 점이 그렇습니다. IPCC 보고서에서는 2050년까지 목표를 이루기 위한 경로를 네 가지로 잡고 있는데, 석유와 석탄, 천연가스의 비중을 확 끌어내리는 대신 원자력의 비중은 최소 2.5배에서 최대 6배까지 높여야 한다고 이야기합니다.[3] 이해가 안 되는 것은 아니지만, 원자력발전의 비중을 높이는 건 자칫 잘못하면 독이 될 수 있습니다.

또 하나 우려스러운 것은 보고서에서 탄소포집저장 연계 바이오에너지Bioenergy with Carbon Capture and Storage, BECCS와 이산화탄소 흡수Carbon Dioxide Removal, CDR를 대책으로 내세운다는 점입니다. BECCS는 쉽게 말해서 화력발전소나 철강 회사, 시멘트 회사 등에서 발생하는 이산화탄소를 모아서 연료로 사용하는 것입니다. CDR은 공기 중의 이산화탄소를 흡수해서 저장하는 기술이지요. 하지만 앞서 이들 기술을 소개할 때도 밝혔듯이 지금은 가능성을 확인한 단계이지 실제 상용화된 기술은 아닙니다(제6장 참조). 그럼에도 보

---

3 「지속가능발전과 거리가 먼 IPCC의 1.5℃ 온난화 특별보고서」, 기후변화행동연구소, 2018년 10월 24일.
http://climateaction.re.kr/index.php?mid=news01&document_srl=175361

고서에서 이러한 대책을 언급한 건 아직 완전히 검증되지 않은 기술까지 동원해야만 할 정도로 기후위기가 시급한 문제라는 뜻이기도 합니다.

결국 IPCC 보고서는 현실적으로 늘어날 수밖에 없는 에너지 수요를 감안할 때, 원자력발전이나 아직 검증이 안 된 미래 기술을 동원할 수밖에 없다고 말합니다. 그러나 앞날을 장담할 수 없는 불투명한 경로에 인류의 미래를 맡기긴 어렵지요. 그렇다면 아예 에너지 수요 자체를 줄이는 방법을 이제 정말 진지하게 생각해봐야 하지 않을까요?

그렇다면 원자력발전은

지금 이산화탄소 배출을 줄이는 가장 핵심적인 방법은 화석연료를 사용하지 않는 것입니다. 부문별 화석연료의 사용 비율은 나라마다 조금씩 다르기는 하지만, 앞서 살펴본 것처럼 전기생산부문과 운송부문이 핵심입니다. 전기를 생산하는 방식을 화력발전에서 다른 재생에너지발전으로 바꿔야 합니다. 태양광발전이나 풍력발전이 현재로선 가장 중요한 방법으로 제시되고 있습니다.

원자력발전에 대한 의견은 기후위기를 극복하려는 사람들 사이에서도 둘로 나뉩니다. 일단 기후위기가 가장 급박한 문제이니 원자력발전이라도 써서 이를 돌파해보자는 쪽과, 원자력발전의 문제 또한 시급하므로 이를 아예 머릿속에서 지워야 한다는 쪽이지요. 비유를 들자면, 독이 든 사과를 두고 지금 굶어 죽게 생겼으니 일단 먹어야 한다는 쪽과 독인 줄 알면서도 먹으면 되겠냐는 쪽으로 의견이 나뉩니다.

원자력발전을 독에 비유하는 이유는 두 가지입니다. 먼저 고준위 폐기물의 문제입니다. 원자력발전을 하는 과정에서 방사능을 내는 많은 폐기물이 나오는데, 이를 반감기와 방사량에 따라 고준위에서 저준위까지로 나눕니다. 저준위 폐기물은 방사능 세기가 낮은 것으로 폐필터, 이온교환수지, 작업복이나 공구 등입니다. 중준위 폐기물은 저준위 폐기물보다 방사능이 더 센 것으로, 방사선 차폐복이나 원자로 부품 등입니다. 이들은 작게 압축하고 불태워 땅속 저장소에 묻습니다. 반감기가 짧은 폐기물은 깊지 않은 저장소에 묻지만, 수명이 긴 것들은 지하 깊은 곳에 묻어야 합니다. 우리나라에서 이들 중저준위 폐기물을 처리하는 곳이 경주의 월성 원자력 환경관리센터입니다.

고준위 폐기물은 그 양이 전체 방사성 폐기물 중 5퍼센트도 안 되지만, 내놓는 방사선은 전체의 99퍼센트 이상을 차지하는 아주 위험한 물질이지요. 우리나라에서는 반감기 20년 이상의 알파선을 방출하는 핵종으로 방사능이 그램당 4000베크렐[4] 이상, 열발생률이 세제곱미터당 2킬로와트 이상인 방사성 폐기물을 고준위 폐기물이라고 합니다. 주로 원자력발전에 사용한 핵연료가 고준위 폐기물로 남습니다. 이들은 중저준위 폐기물과 따로 처리해야 하지요. 사용 후 핵연료의 96퍼센트는 우라늄238(94.6퍼센트), 플루토늄(0.9퍼센트), 우라늄235(1퍼센트)가 차지합니다. 그 외에도 주기율표에서 악티늄족(원자번호 89~103)에 위치한 미량의 성분들인 마이너악티나이드가 0.1퍼센트, 나머지 요오드나 세슘 등이 3.4퍼센트 존재합니다.[5]

사용 후 핵연료는 핵이 붕괴하면서 발생하는 열이 매우 뜨겁기 때문에 습식 저장고에서 10년 이상 냉각시키고 다시 건식 저장고로 옮겨 보관하게 됩니다. 고준위 폐기물은 온도가 800도나 되며, 이를 그냥 놔두고 이틀 정도 지나

---

4 1베크렐은 1초에 방사성 붕괴가 한 번 일어난다는 뜻입니다.

5 「사용후핵연료 이야기」, 한국원자력환경공단, 2016년 5월 개정. https://www.korad.or.kr/resources/homepage/korad/pdf/info2.pdf

면 1800도까지 올라갑니다. 폐기물을 감싼 피복재가 녹고 누출이 일어나지요. 그래서 식혀야 합니다. 중수로는 40년 이상, 경수로는 60~80년을 식혀야 합니다. 60도 이하로 내려가는 데는 100년 이상이 걸립니다.

더구나 그 뒤에도 계속 방사능이 누출되지 않도록 보관해야 하는데, 보관 기간이 말도 되지 않게 깁니다. 사용 후 핵연료의 방사능 세기가 천연 우라늄 수준으로 감소하는 데는 10만 년도 더 걸리지요. 물론 그중에서 특별히 방사능이 오래가는, 즉 반감기가 긴 녀석들은 1퍼센트가 채 안 되니 나머지 99퍼센트를 따로 분리해서 보관하면 좀더 효율적이긴 합니다. 문제는 그런 경우에도 1000년은 보관해야 된다는 것이지요. 고준위 폐기물 처리장은 아직 우리나라에 없습니다. 우리나라만 없는 게 아니라 대부분의 나라에 없습니다. 현재 고준위 폐기물 처리장은 전 세계에서 딱하나, 핀란드에 있는 온칼로Onkalo뿐입니다. 핵발전소가 생긴 지 수십 년이 되었지만 거의 모든 나라가 이걸 지을 엄두를 못 내고 있는 거죠. 그러니 우리나라에서 나오는 고준위 폐기물을 다른 나라로 떠넘길 수도 없습니다.

우리나라는 어디에 지을까요? 일단 대단히 위험한 물건을 보관하는 시설이니 사람이 사는 곳 주변은 안 되겠지요.

그리고 최소한 1000년 이상 유지되어야 하므로 지진이 일어날 가능성이 큰 곳도 제외해야 합니다. 앞서 말한 중저준위 방사성 폐기물 처리장을 지을 때도 난리가 났던 것 기억하시나요? 정부가 안면도에 짓겠다고 했다가 지역 주민이 모두 들고 일어나서 결국 취소되었고, 인천 굴업도에 짓겠다고 했다가 다시 실패합니다. 경주에 지을 때도 한국수력원자력 주식회사 본사를 유치하고 국고보조금도 3000억 원을 주는 등 온갖 인센티브를 동원해서 겨우 성사되었습니다.

그러니 중저준위 폐기물도 아닌 고준위 폐기물 처리장은 우리나라에 지을 곳이 없다고 해도 과언이 아닙니다. 결국 지금처럼 원자력발전소 안에 임시로 보관하는 방식으로 21세기가 지날 듯합니다. 문제는 원자력발전소 안에도 보관할 곳이 점점 줄어든다는 것이죠. 앞으로 몇년 더 원자력발전소를 지금과 같이 운영한다면 아마 보관소가 꽉 들어찰 것입니다. 더구나 발전소 부지에 저장하는 것은 누가 뭐래도 '임시'입니다. 언젠가는 고준위 폐기물을 처리할 장소를 찾아야 하는데, 그 임시가 벌써 몇십 년째입니다. 이런 상황에서 앞으로 계속 더 원자력발전소를 돌리는 건 심각한 문제가 될 수 있습니다.

원자력발전의 또 하나의 문제는 '사고'입니다. 물론 원자력 발전소가 위험하다는 걸 정부도 알고, 다른 발전소보다 훨씬 안전하게 짓고 운영도 조심스럽게 하고 있습니다. 하지만 우린 역사 속에서 일어난 몇 건의 궤멸적 사고를 이미 알고 있습니다. 미국의 스리마일, 러시아의 체르노빌, 일본의 후쿠시마 발전소 사건이 그것이죠. 물론 전 세계를 통틀어 겨우 세 건밖에 안 된다고 생각할 수도 있습니다. 그러나 한 건 한 건이 엄청난 후유증을 남겼다는 걸 생각해야 합니다. 만약 우리나라에서 비슷한 사고가 난다면 몇백만 명이 삶의 터전을 잃어버리게 될 것입니다. 그것도 1~2년이 아니라 최소한 몇십 년 동안, 사고가 난 주변은 사람이 살지 못합니다. 러시아의 체르노빌에는 아직도 사람이 살 수 없습니다. 후쿠시마도 일본 정부가 진실을 은폐하고 있어 그렇지, 사실 그 주변에서 계속 일상을 살아간다는 건 대단히 위험한 일이지요.

스리마일이나 체르노빌 그리고 후쿠시마가 엉망으로 운영을 하다가 사고가 난 건 아닙니다. 다들 나름대로 안전하게 운영하려고 노력했지요. 하지만 확률적으로 보면 어쩔 수 없이 사고는 나기 마련입니다. 물론 전 세계적으로 몇십 년에 한 번 꼴로 사고가 난다고는 하지만, 그 위험이 또다시 터지는 곳이 우리나라가 될지 아니면 프랑스나 미국 혹은 다른 나라가 될진 아무도 모르는 일입니다. 그래서 유럽이나 미국은 더이상 원전을 짓지 않지요.

폐기물 처리 문제와 사고의 위험은 원자력발전이 가진 독입니다. 만약 어쩔 수 없이 원자력발전을 연장하더라도, 이 독의 영향을 어떻게 하면 최소화할 수 있을지 합의가 필요합니다.

그런데 이해관계가 걸린 사람들이 기후위기를 단순히 '기회'로 보고 화력발전의 대안으로 원자력발전을 주장하는 모습을 보면 기가 막힙니다. 재생에너지는 아직 고비용이고 대규모로 전기를 생산하기 힘들며 안정적이지 못하다는 등등의 이유를 대면서 '싸고' '안정적인' 원자력을 밀고 있는 거지요. 하지만 원자력발소의 발전단가는 과연 값이 쌀까요?

고준위 폐기물을 저장하는 데에 드는 비용을 생각해보세요. 위험성이 사라지기까지 10만 년이 걸리는 1퍼센트를 제외한 나머지 폐기물도 1000년 이상 저장해야 하는데, 지금의 발전단가 계산에는 이 비용이 제대로 반영되지 않았습니다. 또한 원자력발전소는 사용 가능한 기간이 제한되어 있어 일정 시점이 지나면 폐쇄해야 하는데, 이후 원자력발전소 자체가 거대한 방사성 폐기물이 됩니다. 이걸 처리하는 비용까지 생각한다면 원자력발전이 결코 싸다고 볼 수 없지요. 지금 원자력발전 단가를 값싸게 계산하는 것은 지불해야할 비용을 미래 세대에게 미룬다는 의미밖에 되질 않습니다.[6]

누가 줄여야하는가?

말을 좀 바꿔서, 이산화탄소 배출량을 줄인다면 누가 먼저 줄여야 할까요? 〈그림 16〉을 보면 분명하게 나타납니다. 전 세계 이산화탄소 배출량 1위는 중국으로 약 113억 톤입니다. 그 다음이 미국으로 53억 톤이지요. 3위는 인도 (26억 톤), 4위는 러시아(17억 톤)이며, 그 뒤를 일본(12억 톤)이 잇습니다. 1위에서 5위까지의 국가가 배출하는 이산화탄소 양이 58퍼센트로 절반이 넘습니다. 이어지는 나라들을 보면 독일, 이란, 한국, 캐나다, 사우디아라비아 등등 여

---

6 「"원전 발전단가, 2025년이면 태양광보다 비싸져"」, 『연합뉴스』, 2017년 10월 31일. https://www.yna.co.kr/view/AKR20171031040000003

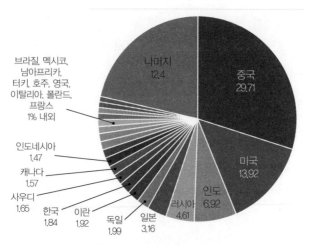

브라질, 멕시코,
남아프리카,
터키, 호주, 영국,
이탈리아, 폴란드,
프랑스
1% 내외

인도네시아
1.47

캐나다
1.57

사우디
1.65

한국
1.84

이란
1.92

독일
1.99

일본
3.16

러시아
4.61

인도
6.92

미국
13.92

중국
29.71

나머지
12.4

그림 16 2018년 주요 국가의 이산화탄소 배출량 비율(%)

러 국가가 약간의 차이를 두고 있습니다. 자세히 보면 결국
유럽의 잘 사는 나라들과 각 대륙의 주축이 되는 나라들이
대부분을 차지합니다. 물론 우리나라도 만만치 않은 배출
량을 자랑하지요.

하지만 저 그래프가 보여주지 못하는 것이 있습니다. 예
를 들어 총 배출량 순위는 인도가 일본보다 위에 있지만,
1인당 배출량으로 따지면 일본이 훨씬 많습니다. 인도는
인구가 일본의 서너 배나 되기 때문이지요. 마찬가지로 총
배출량은 미국이 2위고 중국이 확고부동한 1위지만, 1인

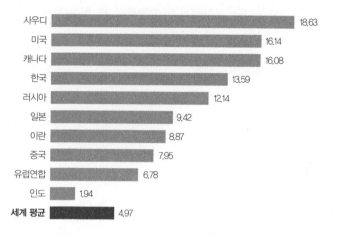

사우디	18.63
미국	16.14
캐나다	16.08
한국	13.59
러시아	12.14
일본	9.42
이란	8.87
중국	7.95
유럽연합	6.78
인도	1.94
세계 평균	4.97

그림 17 2018년 주요 국가의 1인당 이산화탄소 배출량(톤)

당 이산화탄소 배출량은 미국이 훨씬 많습니다. 중국의 인구 역시 미국의 서너 배가 되니까요. 누가 먼저 온실가스를 줄여야 하는지 따지려면 1인당 이산화탄소 배출량을 봐야 합니다. 〈그림 17〉을 보시면, 1인당 이산화탄소 배출량의 세계 평균은 4.97톤입니다만 미국은 그 세 배 정도를 내놓고 있습니다. 한국도 만만치 않지요. 오히려 중국은 한국의 5분의 3 정도밖에 되질 않습니다. 총 배출량 3위인 인도는 1인당으로 볼 때 아예 세계 평균보다 낮지요. 아, 그리고 그림에는 나와 있지 않지만 아르헨티나나 오스트레일리아,

뉴질랜드도 1인당 이산화탄소 배출량이 꽤 많은데, 이 국가들은 배출량에서 축산부문 비중이 높습니다.

1인당 이산화탄소 배출량이 적은 나라보다는 많은 나라가 전체 배출량을 줄이기도 쉽습니다. 한 사람이 너무 많은 이산화탄소를 배출하고 있으니 각자가 조금씩 줄이면 되기 때문이지요. 이러한 사실과 함께 〈그림 16〉, 〈그림 17〉의 자료를 함께 미루어 보면, 누가 온실가스를 줄여야 하는지 분명하게 보입니다. 가장 먼저는 미국이지요. 국가 전체적으로도 그렇고 1인당 배출량도 높습니다. 그리고 다음은 유럽과 일본, 캐나다, 그리고 우리나라입니다. 이들은 모두 전통적으로 제조업이 강세인 국가이면서 동시에 소득수준이 높고 그에 따른 소비수준도 높아 이산화탄소 배출량이 많은 나라들입니다. 세번째로는 중국과 러시아, 그리고 그래프에는 나오지 않지만 동남아 등의 개발도상국가입니다.

총 배출량과 1인당 배출량, 두 지표의 상위에 있는 나라들이 이산화탄소를 더 많이 줄여야 하는 이유는 또 있습니다. 산업혁명 이후 지금껏 1도 올라가기까지 가장 큰 기여(?)를 했기 때문입니다. 〈그림 18〉을 보면 산업혁명 이후 이산화탄소 누적 배출량 비율이 국가별로 나옵니다. 20세기 초까지 서구 유럽과 미국은 가장 산업화된 나라이고, 산

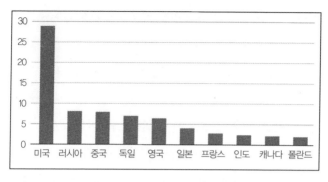

그림 18 1840~2004년 주요 국가의 이산화탄소 누적 배출량 비율(%)

업혁명부터 그때까지의 기간이 이미 100년이 넘어가니 누적 배출량도 다른 지역보다 높습니다. 그런데 이에 비추어 볼 때, 의외로 러시아와 중국이 상위권에 있는 것이 조금 이상하지요? 사실 러시아는 구소련 시절 이미 상당한 공업화를 이룩한 국가였습니다. 냉전시대에 세계는 미국과 소련이라는 두 축을 중심으로 움직였을 정도니까요. 러시아는 인구도 많으면서 산유국이기도 하지요. 그리고 산업혁명기에 비해 20세기 이산화탄소 배출량이 훨씬 더 많았고, 특히 20세기 후반으로 갈수록 배출량이 늘었습니다. 즉, 산업혁명 초기보다 20세기 후반에서 21세기에 이르기까지 이산화탄소 배출에 기여한 부분이 훨씬 크게 작용하여, 누적 배출량 순위 상위권을 차지하게 됐습니다. 중국과 인도는 그 압도적인 인구수가 원인이기도 하고요. 이 나라들은 지금까지 온실가스를 내놓은 것에 대한 책임을 져야 겠지요. 물론 우리나라도, 저 순위에는 없지만 현재 내놓는 이산화탄소 양이 적지 않으니 책임을 느껴야 하고요.

물론 다른 주장도 있습니다. 만드는 나라 말고 쓰는 나라는 책임이 없냐는 것이죠. 중국이 세계의 공장이라서 엄청나게 많은 물건을 만들고 따라서 이산화탄소 발생량이 많은 것은 사실이지만, 실은 그 물건을 구매해서 쓰는 다른 나라 사람들에게도 책임이 있다는 주장이지요. 틀린 말은 아닙니다. 그 주장에 따른다면 당연히 1인당 소비율이 높은 유럽과 미국 등 선진국이 많은 책임을 져야 합니다.

우리 정부의 계획은 어떠한가?

2018년 정부는 「2030 국가 온실가스 감축목표 달성을 위한 기본로드맵 수정안」을 발표합니다. 2016년에 확정된 기존 로드맵을 수정한 것으로, 2030년의 이산화탄소 배출 전망치 8억 5100만 톤에서 37퍼센트를 줄여 총 배출량이

5억 3600만 톤을 넘지 않도록 한다는 기존 목표는 유지하면서 국외감축 비중을 크게 줄이고 국내 비중을 높인 것이지요. 2016년 로드맵에서는 국외감축 비중을 전체의 3분의 1 가량으로 충당하려다가 온통 비판을 받았기 때문입니다. 국외감축이란 결국 우리나라에서 감축해야 할 양을 다른 나라에 떠넘기고 대신 비용을 지불하겠다는 거니, 비판받을 만도 합니다. 국내에선 그만큼 줄이지 않겠다는 뜻이니까요.[7] 새 로드맵에서 제시하는 부문별 감축 목표는 산업이 9850만 톤, 건축이 6450만 톤, 수송이 3080만 톤입니다. 그 외에 재활용을 활성화하거나 이산화탄소를 포집·저장하는 기술을 통해 2100만 톤을 줄이고요.

이 로드맵의 첫번째 문제는 이게 온도상승 1.5도가 아닌 2.0도를 전제로 둔 대응책이라는 것입니다. 왜 2.0도가 아닌 1.5도가 목표여야 하는지는 앞에서 이미 말씀드렸지요 (제1장 참조). 현재 우리나라 정부의 로드맵이 1.5도라는 목표를 너무 안이하게 본다는 비판이 나오고 있습니다. 물

---

7 「'온실가스 감축로드맵' 확정…국외감축 비중 크게 줄였다」, 『한겨레』, 2018년 7월 24일.
http://www.hani.co.kr/arti/society/environment/854600.html#csidx-17939e9b128ac7a8682ecf4fac1b028

론 정부도 나름의 근거를 갖고 로드맵을 만들었을 것입니다. 목표를 1.5도로 수정하기가 현실적으로 어렵다는 판단, 현재 산업구조에서 기후위기 대응에 쏟아넣을 수 있는 자원과 비용이 한정적이라는 점, 그리고 어찌 되었건 연평균 2~3퍼센트의 경제성장을 유지해야 한다는 점 등을 고려했겠지요. 그런 사정이야 이해가 되지만, 오히려 정부의 로드맵은 우리가 1.5도를 목표로 하기 위해선 패러다임을 전환해야 한다는 점을 보여줍니다.

두번째 문제는 이 계획으로 2.0도라는 목표조차 달성하기 어렵다는 점입니다. 네덜란드 환경평가원과 국제응용시스템분석연구소가 발간한 공동 보고서에서는, 우리나라의 온실가스 배출량은 2020년에 6.95억~7.1억 톤, 2030년에는 7.2억~7.5억 톤으로 2010년 대비 10퍼센트 이상 증가할 것으로 전망했습니다.[8] 우리나라의 목표인 2030년 배출량 5.36억 톤과는 거리가 멀어도 너무 멀지요.

기존 로드맵에서는 에너지전환 부문, 쉽게 말해서 전력생산 부문에서 온실가스를 6450만 톤 감축하겠다고 했는

---

8 「"한국, 2030년 온실가스 감축 목표 달성 못한다"」, 『한국에너지신문』, 2018년 12월 17일. http://www.koenergy.co.kr/news/articleView.html?idxno=103953

데, 새로 개정한 로드맵에서는 그 목표가 2370만 톤으로 줄었습니다. 추가 감축 잠재량[9]을 합해도 5780만 톤입니다. 결국 이 말은 화석연료를 사용하는 발전소를 줄이기 힘들다는 뜻입니다. 더구나 현재 화력발전소를 일곱 기나 새로 짓고 있는 실정이니 당연하겠지요. 물론 화력발전소 건설은 이전 정부에서 계획한 것이지만, 지금이라도 거두려면 거둘 수 있습니다. 정부는 새 발전소를 지으며 노후 석탄발전소를 조기 폐쇄하여 미세먼지도 줄이고 온실가스도 줄일 생각을 갖고 있습니다. 그러나 새 발전소의 용량은 폐쇄되는 발전소 용량의 두 배가 넘습니다. 정부는 탈원전 정책을 시행하며 원자력발전소를 점차 줄여가고 있는데요. 전력 수요을 감당하기 위해 화력발전의 비중은 높이고 있습니다. 이래서야 로드맵이 제대로 실행될 리가 없지요.

'탄소 자물쇠 효과carbon lock-in'라는 것이 있습니다. 어떤 시설을 일단 설치해버리면 그 시설이 수명을 다할 때까지 탄소 배출량이 묶일 수밖에 없는 현상을 가리킵니다. 즉, 석탄발전소가 한 번 지어지고 나면 약 40~50년 간 탄소를

---

9 추가 감축 잠재량이란 아직 어떻게 줄일지 계획이 확정되지는 않았지만 더 감축할 여지가 있어 2020년까지 그 방안을 마련할 예정인 부분을 말합니다.

고스란히 배출하게 되는 것이지요. 경제적인 이유로도 그렇고 발전소에서 일하는 노동자와 지역민들의 사정을 고려하면, 일단 지어진 시설은 그대로 유지할 수밖에 없습니다. 재생에너지의 생산 원가가 화석에너지와 비슷해져도 마찬가지입니다. 이미 지어진 화력발전소를 재생에너지 발전소로 대체하는 것보다 그냥 기존 발전소에 운영비만 들이는 것이 훨씬 값싸기 때문에 타산이 맞질 않는 거지요.[10]

냉엄한 현실

〈그림 19〉는 우리나라의 온실가스 배출량 추이입니다. 급격히는 아니어도 매년 꾸준히 증가하고 있는데, 단 한 해만 배출량이 줄었습니다. 바로 IMF 사태가 터진 1998년입니다. 그때는 온 나라의 산업이 모두 마이너스 성장을 기록했습니다. 공장 가동률이 줄어들었으니 제품 생산량도 줄고, 연료와 전기 사용량이 모두 줄었지요. 결국 1998년 경

---

10 「수정보완된 2030 온실가스 감축 로드맵—탄소 자물쇠에 묶일 것인가」, 기후변화행동연구소, 2018년 8월 2일. http://climateaction.re.kr/index.php?document_srl=175132&mid=news01

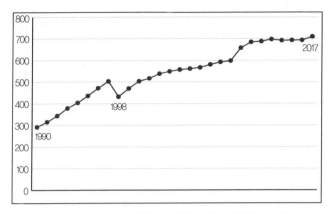

그림 19 1990~2017년 우리나라 온실가스 배출량 추이(100만 톤 CO2-eq)

제성장률은 처음으로 -5.5퍼센트가 되었습니다. 해방 이후 마이너스 성장을 기록한 건 광주민중항쟁이 일어났던 1980년과 1998년 두 해뿐이었습니다. IMF 당시 온실가스 배출량은 14퍼센트 줄어들었습니다.

다시 말해 신재생에너지를 이용한 발전이 아주 급격히 늘지 않는다면, 우리가 온실가스 배출량을 줄이기 위해선 저렇게 경제성장률이 떨어지는 것을 감수해야 할 수도 있다는 뜻입니다. 그리고 안타깝게도 우리에겐 이제 시간이 별로 없습니다. 지금 줄이지 않는다면 나중에는 줄이고 싶어도 줄일 수 없습니다. 인간 대신 자연이 이산화탄소를 내놓기 때문이지요(제3장 참조). 결국 우리 인류는 비상한 각오로 기후위기를 극복해야만 합니다.

IMF 때는 우리나라의 온실가스 배출이 단 1년만에 14퍼센트나 줄었습니다만, 우리가 현재 1.5도의 목표를 달성하려면 2030년까지 이산화탄소 배출량을 지금의 절반으로 줄여야 합니다. 즉, 매년 5퍼센트씩 줄여야 겨우 이룰 수 있지요. 그리고 그 후로도 마찬가지로 20년간 매년 현재 대비 5퍼센트씩 줄여야 합니다. 과연 가능한 목표일까요? 아니, 가능하도록 하려면 어떻게 해야 할까요?

앞서 유엔기후협약 당사자국총회 보고서에서도 살펴본 것처럼, 현재의 기술적 조건에서 매년 지속적으로 이산화탄소 배출을 줄일 수 있는 방법은 두 가지입니다. 원자력발전을 유지·확대하는 것과 경제성장을 줄이는 것이지요. 그래서 많은 분이 (경제성장을 포기할 수는 없으니) 원자력발전을 당분간 지속시키자고 이야기합니다. 하지만 원자력발전은 아주 드문 확률이더라도 사고의 위험이 있고, 한 번 사고가 발생하면 그 피해는 치유가 불가능할 정도로 치명적입니다. 즉, '기대피해비용'[11]이 막대하지요.

---

11 기대비해비용이란 사고 확률과 피해액을 곱한 값으로 얼마나 피해를 입을지

제8장 우리는 지금 무엇을 해야 하나

후쿠시마 원전도 진도 8.0이라는 강한 지진(땅이 갈라지고 건물이 무너지는 정도)에 견디도록 지어졌습니다. 그러나 아무도 예상 못했던 진도 9.0의 강진과 쓰나미가 닥치자 사상 초유의 사고가 났고, 21세기가 끝날 때까지 그 후유증은 사라지지 않을 것입니다. 우리나라 동해안에 지어진 원자력발전소들은 진도 6.5~7.0의 지진을 견디도록 설계되었습니다. 그렇다면 진도 7.0을 넘는 지진이 일어날 경우 우리나라가 후쿠시마처럼 되지 말란 법이 없다는 것이지요. 후쿠시마 사고에서 직접적인 경제 피해액만 500조 원입니다. 인명 피해는 3000명이 넘었습니다. 이는 고향에서 쫓겨난 이주민의 고통과 오염지역 복구 비용 등은 제외한 수치입니다. 더구나 후쿠시마 사고 때문에 반경 30킬로미터가 향후 50년간 버려진 땅이 되었습니다. 반경 30킬로미터는 면적으로 치면 2억 9100만 평으로 축구장 13만 개가 들어설 수 있을 정도입니다. 마찬가지로 만약 우리나라 고리원전에서 사고가 난다면 부산의 절반이 버려지게 될 것입니다.

그렇다면 원자력발전소의 사고 확률은 얼마나 될까요?

가능성을 보여줍니다.

원자력발전을 찬성하는 사람들은 10만 년에 한 번 일어날 정도라고 주장합니다. 이 주장의 근거는 국제원자력기구 IAEA의 원전 한 기당 10만 년에 한 번이라는 안전설계 기준에 있습니다. 만약 그 기준에 따라 정말 '안전'하게 지어졌다고 하더라도 전 세계 원전은 현재 430기가 조금 넘게 있으니, 확률을 세계적으로 잡으면 대략 232년에 한 번씩 사고가 날 수 있습니다. 그런데 실제 상황은 어떨까요? 원자력발전이 상용화된지 100년도 되지 않았지만 실제로 아주 막대한 사고는 3회(혹은 6회) 일어났습니다. 미국의 스리마일과 구소련의 체르노빌, 그리고 일본의 후쿠시마에서 세 번 일어났지요(스리마일에는 원전이 1기, 후쿠시마에는 3기, 체르노빌에는 2기 있었으므로 사고가 총 여섯 번 일어났다고 보기도 합니다). 이 외에도 러시아의 키시팀, 영국의 윈드스케일, 캐나다의 초크리버에서도 잘 알려지진 않았지만 대단히 위험했던 대형사고가 났습니다.

일본 원자력위원회는 후쿠시마 사고 이후 2011년 10월 '원자력발전소의 사고 위험 비용 계산'을 발표합니다. 그들의 계산에 따르면 일본 원자로 50기 중 한 곳에서 사고가

날 확률이 10년에 1회였습니다.[12] 우리나라는 가동 중인 원전이 총 23기 정도 됩니다. 일본의 절반이지요. 그렇다면 사고 확률이 20년에 1회 정도라고 볼 수 있습니다. 물론 말 그대로 확률이니 실제로 그만한 기간에 꼭 사고가 나리란 건 아니지만, 그렇다고 사고 확률이 높은 상황에서 운을 믿고 원전을 운영할 수는 없습니다. 더구나 국제원자력기구의 '10만 년에 한 번'이라는 설계 기준은 1990년 이후에 나온 것이어서, 그 이전에 건설된 원자력발전소는 저 기준에 미치지도 못하지요.

기후비상사태 선포

2009년 호주 멜버른에서 모인 기후활동가들이 기후비상사태를 선포할 것을 촉구합니다. 그 후 2016년 멜버른 인근의 도시 데어빈에서 처음으로 기후비상사태를 선포했고, 2017년 8월에는 '데어빈 기후비상사태 계획'이라는 행동

---

12 「원전 사고 확률은 제로가 아니다!」, 『인저리타임』, 2017년 7월 20일.
http://www.injurytime.kr/news/articleView.html?idxno=4285

계획을 결의했습니다.[13] 2019년 5월에는 중앙정부로서는 처음으로 영국 의회가 기후비상사태를 선포합니다. 이후 아일랜드, 캐나다, 프랑스, 오스트리아, 아르헨티나가 뒤를 이었고 900개가 넘는 지방정부도 기후비상사태 선언에 참여했습니다. 기후비상사태 선포란 정부에서 지구온난화 추세를 되돌리기 위한 비상행동을 공식적으로 지원하겠다는 뜻입니다. 2019년 9월에는 전 세계에서 400만 명이 기후비상사태 선포를 요구하며 집회와 시위를 했습니다. 우리나라도 같은 해 9월 21일 서울 대학로에서 330개 시민·환경단체가 구성한 '기후위기 비상행동'의 집회가 열렸습니다. 그리고 2019년 11월 29일 유럽의회가 기후비상사태를 선포했습니다. 파스칼 캉팽 유럽의회 환경위원회 위원장은 "이것은 정치에 관한 것이 아니라, 우리의 공동 책임의 문제"라고 했습니다.[14]

이전까지 '기후변화climate change'라고 불렀던 것을 이제

---

13 「[뉴스레터 클리마: 기후위기 비상행동 특별호] 기후비상사태를 선포하라」, 기후변화행동연구소, 2019년 9월 17일. http://climateaction.re.kr/index.php?document_srl=176690

14 「유럽의회, '기후 비상사태' 선언…국제사회 행동 압박」, 『연합뉴스』, 2019년 11월 29일.
https://www.yna.co.kr/view/AKR20191129001300098

'기후위기climate crisis'로 바꿔 부르고 있습니다. 기후변화가 인간과 지구 생태계에 직접적이고 현재적이며 심각한 위기가 되었다는 의미입니다. '비상emergency'이라는 말이 붙은 것에도 몇 가지 이유가 있습니다. 먼저 이 위기를 극복하는 일은 인류에게 닥친 다양한 문제 중 가장 시급하게 해결해야 할 과제이기에 그런 말이 붙습니다. 그리고 또 하나의 이유는 이 위기를 극복하는 것이 쉽지 않기 때문입니다. 마지막 세번째 이유는 시간이 얼마 남지 않았기 때문입니다. 이대로 불과 10~20년이면 돌이킬 수 없는 사태가 발생할 수밖에 없습니다.

인간이 내뿜은 온실가스의 증가로 인한 급격한 지구온난화라는 문제에 대해, 우선 전 인류가 비상사태임을 자각해야 합니다. 그래서 전 세계적으로 다양한 사람들이 '기후위기 비상사태 선포'를 요구합니다. 현 사태가 그저 한 나라만의 문제가 아니라 인류 전체에게 닥친 긴급한 상황임을 인정하라고 모든 국가에게 목소리를 내는 것이지요.

비상사태임을 모두가 확인했다면 그에 맞는 비상행동이 이어져야 합니다. 누구나 인정하듯이 해결 방법은 단 하나입니다. 대기 중의 이산화탄소를 중심으로 한 온실가스의 농도를 더이상 높이지 않는 것입니다. 이를 위해선 두 가지가 요구됩니다. 하나는 앞으로 온실가스를 내놓지 않는 것이며, 다른 하나는 이미 배출된 온실가스를 다시 흡수하는 것이지요. 말은 간단하지만 이를 행하는 것은 대단히 힘듭니다. 19세기 이후 현대사회는 화석연료를 사용하는 기반 위에 이루어졌으니까요. 그래서 비상상황이라는 인식 아래 비상한 대책을 내놓아야 합니다.

여기서 이미 배출한 이산화탄소를 흡수하는 것은 쉬운 일도 아닐뿐더러, 이산화탄소 농도를 대규모로 감소시키는 주된 방법이 되기는 힘들어 보입니다. 물론 그렇더라도 계속 관련 기술을 개발해야겠지만 말이지요. 핵심은 우리가 온실가스를 덜 내놓는 겁니다. 이미 지금까지 뿜어낸 이산화탄소가 있으니 앞으로 내놓을 수 있는 양은 퍽 제한되어 있습니다.

만약 재생에너지로의 전환이 30년 정도 전부터 빠세게 이루어졌다면, 그래서 지난 30년 간 이산화탄소 배출이 의미 있게 감소했다면, 지금 우리가 이렇게 다급할 필요는 없었을 겁니다. 하지만 불행하게도 온실가스가 문제를 일으킬 것이라고 환경단체와 기후 전문가, 지구과학 전문가들이 30년 전부터 외치던 경고를 귓등으로 흘린 결과, 이제는 우리가 일상에서 당연하게 여겨온 경제성장을 일시 포기할 정도의 결정을 해야 합니다. 그래서 '비상상황'이고 '비상행동'입니다. 이는 마치 암세포를 너무 늦게 발견한 것과 비슷합니다. 초기에 발견하고 간단하게 수술로 제거했다면 일상생활을 유지하면서 지속적 검진을 통해 관리할 수 있었을 텐데, 지금은 너무 늦었기에 일상을 포기하고 치료에만 전념해야 하는 지경에 이른 것이지요(정확히 말하자면 암세포는 일찍이 발견되었지만 우리는 의사[과학자]의 말을 귀 기울여 듣지 않았습니다). 그래도 우리에게는 마지막 희망이 있습니다. 조금만 더 늦었다면 아예 포기해야 됐겠지만, 지금 치료에만 전념한다면 기후위기를 극복할 수 있을 것입니다. 그 대가가 아주 크더라도 말이지요.

개인이 할 일

가령 당신은 탄소 배출을 줄이기 위해 고민하다가, 평소 입는 옷을 합성섬유에서 천연섬유 제품으로 바꾸기로 합니다. 폴리에스테르나 나일론 같은 합성섬유는 석유에서 뽑아내야 하고, 그 과정에서 무수한 이산화탄소가 배출된다고 하니까요. 하지만 당신의 선택은 올바를까요? 천연섬유,

즉 면제품을 쓰면 과연 이산화탄소가 배출되지 않을까요? 물론 폴리에스테르 제품을 쓰는 것보다는 줄어들겠지요. 그러나 면섬유로 된 옷을 산다고 이산화탄소 배출이 없는 것은 아닙니다.

무엇보다 면화를 재배하는 과정에서 다른 작물에 비해 훨씬 많은 농약과 비료가 사용됩니다. 특히 살충제 사용량은 어마어마합니다. 재배 면적은 전 세계 농지의 5퍼센트인데 살충제 사용 비율은 전체의 25~35퍼센트입니다. 농약과 비료 대부분은 이산화탄소를 많이 발생시키며 만들어집니다. 더구나 면화 1킬로그램을 생산하기 위해 물 2만 리터가 필요합니다. 논밭에 물을 대는 과정에서도 이산화탄소가 발생합니다.

이게 다가 아닙니다. 채취한 면화는 다시 실로 만들어야 하며 이를 제품으로 만들려면 20단계가 넘는 과정이 요구됩니다. 표백, 수지가공, 방축, 염색 과정 등등 여기서도 끊임없이 이산화탄소가 배출되지요. 이 외에도 면제품 생산에는 제3세계 노동자에 대한 착취 등등 다양한 문제가 있습니다. 면이 합성섬유의 대체재가 될 수 없는 것이지요.[15]

---

15 박재용 지음, 「천연섬유와 합성섬유」, 『과학이라는 헛소리 2』, MID, 2019년.

2015년에는 전 세계적으로 무수히 많은 폴리에스테르가 생산되면서 7억 5000만 톤의 온실가스가 발생했습니다. 이는 가장 온실가스를 많이 내놓는 석탄발전소 185개와 맞먹는 양입니다. 왜 이렇게나 많은 폴리에스테르가 필요할까요? 21세기 들어 새롭게 조명받는 '패스트패션' 때문입니다. 패스트패션은 패스트푸드에서 유래한 말로 빠르고 값싸게 생산·유통되는 옷을 말합니다. 유니클로나 자라, H&M 등이 대표적이죠. 우리나라 패스트패션 산업은 2008년 5000억 원 규모에서 2017년 3조 7000억 원으로 10년간 7배 이상 급성장했습니다. 이러다 보니 버리기도 많이 버립니다. 환경부에 따르면 2008년 5만 4677톤이었던 의류 폐기물이 2014년에는 7만 4361톤으로 증가했습니다. 그리고 폐기물 중 일부는 불태워 버려지면서 다시 이산화탄소를 배출하지요.

결국 기후위기 문제의 해답은 폴리에스테르 대신 면섬유의 옷을 구입하는 것이 아니라, 아예 옷을 안 사는 것입니다. 물론 꼭 필요한 옷은 구입해야겠지만, 사더라도 새 제품보다는 헌 제품을 사는 것이 좋겠지요. '헌옷'이라고 하면 좀 그렇지만 '구제'라는 표현도 있지요. 예전에 흔히 말하던 '아나바다' 운동을 해야 하는 겁니다. 1998년 외환위기에 처음 등장했던 이 운동은 아껴 쓰고 나눠 쓰고 바꿔 쓰고 다시 쓰자는 것이었지요. 그 당시 외환위기를 극복하는 데에 꽤나 효과가 있었습니다.

그런데 만약 우리 시민들이 모두 합심해서 한 달에 두 벌 구입하던 옷을 한 벌로 줄인다면 어떤 일이 일어날까요? 그리고 그나마 사는 옷도 금방 버리지 말고 되도록 다른 사람과 서로 돌려가며 입는다면 말이지요. 의류가 팔리지 않으면 의류의 원료가 되는 섬유 생산도 줄겠지요. 폴리에스테르 섬유 생산량이 줄고 그 원료가 되는 석유화학 제품 생산도 줄어들 것입니다. 결국 그 과정에서 발생하는 이산화탄소 양도 줄어들면서 우리가 원하는 바를 이룰 수 있을 것입니다. 그리고 의류 산업만 이야기했지만, 다른 전자제품도 마찬가지로 아껴 사용하면 이산화탄소 배출을 줄일 수 있습니다. 휴대폰도 금방 고장나는 듯하지만 사실 배터리만 갈면 지금보다 훨씬 오래 쓸 수 있지요. 필요하다면 신제품이 아닌 중고 제품을 사는 것도 방법입니다. 다만 이러한 아나바다 운동을 하면 아마 산업 전체가 위축되기 십상일 것입니다.

그러나 개인으론 안 된다

2019년 우리나라의 가장 중요한 사안 중 하나가 일본과의 관계였습니다. 일제시대 징용에 대한 배상 문제로부터 불거져, 이후 일본기업 제품에 대한 불매운동이 상당히 활발히 진행되었습니다. 대표적으로 유니클로의 상품 판매가 눈에 띄게 줄어들었습니다. 물론 유니클로는 우리나라에서만 옷을 파는 회사가 아니므로 본사는 판매량 감소의 타격을 버틸 수 있었지요. 그런데 불매운동이 유니클로로 대표되는 패스트패션 자체에 초점을 맞췄다면 어땠을까요?

사실 패스트패션은 21세기 가장 성공적인 패션 사업 영역 중 하나입니다. 싸고 품질 좋게 그리고 트랜드를 잘 반영하여 전 세계적으로 옷을 공급합니다. 싸고 유행에 민감한 옷이니 많이들 샀고 또 쉽게 버려졌지요. 그 덕분에 섬유 산업 전체가 아주 커졌습니다. 하지만 지구온난화는 더 심해졌지요. 패스트패션의 문제는 지구온난화뿐만이 아닙니다. 패스트패션의 주재료인 폴리에스테르에서는 세탁을 할 때마다 미세섬유가 빠져나오는데, 이것이 해양 미세플라스틱 오염의 주범이기도 합니다.

어찌 되었건 제가 주목한 것은 최소한 우리나라에선 유

니클로의 매출이 확연히 줄었다는 점입니다. 만약 유니클로 대신 다른 패스트패션 브랜드를 구입하는 것을 넘어 패스트패션 자체에 지금과 같은 불매운동이 일어난다면 어떨지 상상해봅니다. 평소 들이는 의류 구입비용을 절반으로 줄이고, 인터넷상에 모임을 만들어 아낀 비용으로 환경단체를 후원하며 자신에게 불필요한 옷을 서로 나누는 것이죠. 이렇게 온실가스를 배출하는 주요 산업 전반에 대한 '소비거부' 운동이 필요하다고 생각합니다. 혼자서는 큰 의미가 없지요. 먼저 동의하는 사람들끼리 의견을 나누고, 업체 리스트를 작성하고, 모임을 만들고 홍보해야합니다. 이런 시민적 연대가 있어야 의미 있는 수준으로 이산화탄소 배출량이 감소할 것입니다.

우리가 소비를 줄이면 줄일수록 생산량도 줄어듭니다. 생산량 감소야말로 이산화탄소 배출을 줄이는 가장 빠른 방법일 것입니다. 하지만 여기서 걱정이 하나 생깁니다. 산업에서 생산이 줄면 경기가 나빠질 것이고, 경기가 나빠지면 바로 우리에게 타격이 될 터인데 이를 어찌 하냐는 것이죠. 맞습니다. 지금 제가 말씀드린 '온실가스 감축을 위한 생산량 감소'는 세계 어느 나라고 절대로 세우지 않는 목표지요. 아니, 경기가 나빠지는 것만큼 싫어하는 현상도 없으니, 생산량 감소를 오히려 이루어선 안 될 목표로 둘지도 모릅니다. 어느 정부고 작년보다 마이너스 경제성장률을 기록하고 싶진 않지요. 우리나라도 연 3퍼센트대의 경제성장을 항상 원하고 있습니다.

경제성장이 정체되거나 마이너스가 되면 가장 먼저 고용이 줄어듭니다. 기업은 어떻게든 비용을 줄이고 싶고 줄어든 비용만큼 순익을 올리고 싶지요. 그래서 공장과 사무실 모두 인력을 줄이고 자동화 요소를 높입니다. 노동자 한 명당 생산성도 꾸준히 올라가지요. 매출이 정지되거나 후퇴하면 자연스레 필요한 노동량이 줄어듭니다. 따라서 마이너스 성장이 목표가 되는 순간 실업 문제가 커집니다. 실업률이 높아지면 덩달아 임금도 낮아질 수밖에 없습니다.

성장률이 마이너스가 되면 국가 예산에도 문제가 생깁니다. 거둬들이는 세금이 줄어드니 그걸 감안해서 예산을 나눠야 하는데, 새로운 사업을 추진하든 복지 혜택을 늘리든 돈이 필요한 부서가 많으니 쉽지 않습니다. 결국 국가가 빚을 져서(국채를 발행해서) 부족한 세금을 메우기도 하는데, 이 또한 국가의 재정 건전성을 위협합니다. 물론 한 나라에 국한된 문제라면 수출을 늘리는 등의 방법으로 문제를 극복할 수 있겠지만, 전 세계가 동시에 마이너스 성장을 기록하면 이런 방법도 불가능합니다.

따라서 시민들이 먼저 적극적으로 소비거부에 나서지 않으면, 어느 나라 어느 정부고 그에 상응하는 정책을 펼치지 않을 것입니다. 가능성은 0에 수렴한다고 봐야겠지요. 그래서 시민들이 먼저 나서야 합니다. 물론 동의하지 못하는 분들이 많을 것입니다. 그래도 해야 한다고 저는 생각합니다. 왜 지금이 '기후위기'이고 왜 '비상행동'이 필요한지 앞에서 구구절절 말씀드린 이유기도 합니다.

소비거부 운동에 뒤따를 현상들

앞서 살핀 것처럼 이산화탄소가 가장 많이 나오는 분야는 산업, 즉 생산부문입니다. 우리가 온실가스로 인한 지구온난화를 막기 위해 소비를 거부하면, 그래서 생산이 감소되면 자연히 이산화탄소는 덜 발생합니다. 거기에 더해 시민들의 소비거부 운동이 압력이 되어 정부와 기업은 생산 과정에서의 온실가스 저감 대책과 산업 에너지의 전기화 그리고 재생에너지 발전에 대한 투자와 기술 개발을 더 열심히 하게 될 것입니다.

저는 사람 개인의 선한 의도를 별로 의심하지 않습니다. 기업을 운영하는 이들에 대해서도 마찬가지입니다. 그러나 기업이 지구온난화에 대한 순수한 걱정과 우려로 자신의 이익이 줄어들 행동을 하리라고는 절대 믿지 않습니다. 기업은 자신이 생산 과정에서 내놓는 이산화탄소를 감소시키는 일에 기업의 운명이 달렸다는 걸 절감해야 행동에 나설 것입니다.

기업을 움직이게 하기 위한 노력 중 하나가 직접적 매출 감소를 가져다주는 것입니다. 시민들이 이산화탄소를 많이 배출하는 기업을 감시하고 불매한다면, 제품을 팔기 위해서라도 어떻게든 배출량을 줄이겠지요. 지금도 나름 여러 기업이 이산화탄소 배출량을 줄이기 위해 노력하고는 있습니다. 그러나 이는 지구에 대한 걱정에서 비롯되기보다는 그저 이미지 마케팅인 경우가 많습니다. 아무 노력도 하지 않는 것보다야 낫겠지만, 지금처럼 비상상황에서 그 정도는 눈에 차지 않습니다. 그래서 직접 매출에 영향을 줄 만큼의 강력한 소비자 행동이 일어나, 이산화탄소를 줄이지 않으면 시장에서 살아남기 어렵다는 인식을 기업에게 심어야 합니다. 그럴 때야 기업들도 서로 경쟁적으로 온실가스 감축을 위해 자신의 모든 노력을 펼칠 것입니다.

아무리 이윤이 중요해도 어린이를 고용해 노동을 시키면 안 됩니다. 그러나 아동 노동이 법으로 금지되기 전에는 다들 그렇게 어린이를 학대했지요. 아무리 이윤이 중요해도 노동자를 위험에 빠트리면 안 됩니다. 그러나 산업재해에 대한 기업의 책임이 법으로 정해지기 전까지 기업은 그렇게 했습니다. 그러니 기업에게 말해야 합니다. 이윤을 챙기기 이전에 인류와 지구를 먼저 생각하고 행동해야 한다고. 비록 눈앞의 이윤을 포기하는 것이 기업의 본능에, 자본주의의 본질에 역행한다고 해도 말이지요. 시민들이 적극적으로 목소리를 내고, 기후위기에 대처할 의무가 법으로도 정해지는 데까지 나아가야 합니다. 그리고 나서도 여전히 위기를 외면하고 법을 어기는 기업이 있다면, 그에 따른 응징이 내려져야 하겠지요.

정부에 요구하자

시민이 할 수 있는 또 다른 노력은 정부에 요구하는 것입니다. 기업체들이 온실가스 감축을 위해 행동하도록 관련 법을 제정하여 압박을 가하라고 말이죠. 원래 정부는 우리가

할 일을 위임받아 대신 집행하는 곳입니다. 시민들 다수가 요구하는 일들에 정부는 당연히 나서야 하지요. 그러나 기존의 관성을 이겨내기 힘든 것도 사실이고, 기후위기에 무심하거나 혹은 기업에 친화적인 사람들의 표와 여론을 의식하는 것도 사실입니다. 그래서 기후위기가 진정한 '위기'임을 널리 알려 여론을 돌리고 정부에 나서도록 요구해야겠지요.

구체적으로는 탄소세를 매기라고 요구할 수 있습니다. 탄소세는 말 그대로 방출되는 온실가스만큼 세금을 부과하는 것이지요. 세금을 매겨 기업이 온실가스 발생량을 줄이도록 강제할 수 있으며, 그렇게 확보한 돈으로 재생에너지 및 기후위기 관련 예산을 더욱 늘릴 수 있습니다. 기업이 만드는 제품에 탄소발자국을 새기는 것도 또 하나의 요구 사항입니다. 탄소발자국은 어떤 제품이나 서비스가 생산되고 폐기되기까지 전체 과정에서 얼마나 온실가스가 나오는지를 표시하는 것으로, 소비자가 저탄소 상품을 구입할 수 있도록 유도합니다. 기업은 이를 의식해서라도 온실가스 문제에 관심을 가질 수밖에 없겠지요.

기존 화력발전소의 운전을 최소화하고 재생에너지 발전을 획기적으로 늘려야 한다고 정부에 요구해야 할 것입니다. 새로운 화력발전소 건설 계획을 전면 중단하고 기존 화력발전소의 운전을 중단 및 폐쇄하라고 말이죠. 그러면서 재생에너지 발전을 늘리는 정책으로는, 기후위기행동연구소의 주장처럼 새만금 같은 곳에 대규모 태양광 시설을 도입하는 것도 한 방법이며, 해양 풍력발전을 더 확대하고 계획을 당기는 것도 좋습니다. 운송부문에서의 온실가스 감축도 대단히 중요한 문제인 만큼, 도심지에서의 자동차 운행 중단도 정부에 요구할 수 있겠지요. 온실가스를 줄이기 위한 현실적 방안 중 정부가 나서야 할 일들을 모두 요구해야 합니다.

이런 정책을 펴기 위한 전제는 결국 지금이 기후위기 비상임을 정부가 선포하는 것입니다. 그리고 2050년까지 온실가스 배출 제로를 달성할 수 있는 구체적이고 실질적인 계획을 세우는 일을 국정의 제1과제로 삼아야 하지요. 지금의 「2030 온실가스 감축 로드맵」이 너무 안이하다면, 부족한 점을 질타하고 새로운 계획을 세워 집행할 것을 요구해야 합니다.

다만 이 역시 혼자의 힘으로는 이룰 수 없지요. 그래서 2019년 세계의 시민들이 나서서 요구했습니다. 스웨덴의 그레타 툰베리를 비롯하여 전 세계의 미래 세대가 기후파업을 하고 거리로 나섰지요. 이제 우리나라에서도 시민들이 연대해서 나서야 합니다. 먼저 우리 정부에게 행동에 나설 것을 강력히 요구하는 시민 연대가 필요하지요.

하나 더, 미국과 중국에게 따지자

• 전 세계 인구의 4.5퍼센트를 차지하는 미국인이 전 세계 온실가스의 22퍼센트를 배출한다.

• 전 세계 인구의 17퍼센트를 차지하는 인도인은 전 세계 온실가스의 4.2퍼센트를 배출한다.

• 영국인은 1년 동안 평균 1인당 9.5톤의 이산화탄소를 배출한다.

• 온두라스인은 1년 동안 평균 1인당 0.7톤의 이산화탄소를 배출한다.

• 세계에서 가장 가난한 나라 30개국이 전 세계 온실가스의 0.4퍼센트를 배출한다.

• G8 국가들이 전 세계 온실가스의 45퍼센트를 배출한다.

위 내용은 국제 인도주의 단체인 크리스천 에이드Christian

Aid가 2009년 제시한 것입니다.

앞서 살펴봤듯이 나라별로도 사정이 다릅니다. 어떤 나라는 이산화탄소 배출량 감소에 따른 부담을 버티기가 힘들 수도 있고, 다른 나라는 그래도 근근이 버틸 수는 있을 것입니다. 이런 국가별 차이는 마이너스 성장에 대한 각국 시민들의 대응에도 당연히 영향을 미칠 수밖에 없습니다. 재정이나 경제 사정이 취약한 제3세계 빈국들이 더 문제가 되겠지요.

아무리 지구온난화에 대한 대책이 시급하다고 하더라도 이런 상황이 오면 반발이 있을 수밖에 없지요. 그래서 기후 위기를 막기 위한 핵심인 경제성장 감소에 어떻게 대응할지, 그리고 누가 이산화탄소를 더 많이 줄일지 논의가 필요합니다. 앞서 우리는 누가 온실가스 배출에 더 많은 책임이 있는지를 살펴봤습니다. OECD에 가입한 국가들, 그리고 G20으로 대표되는 이른바 '선진국'으로 불리는 국가들입니다. 물론 현재 유럽 국가들은 다른 어느 나라보다 모범적으로 대처하고 있습니다. 그러나 지금의 위기를 극복하기 위해서는 유럽 외에도 우리나라를 포함해 이산화탄소를 많이 배출하는(그리고 지금까지 많이 배출해온) 소위 '기후깡패' 국가들이 행동에 나서지 않으면 안 됩니다. 그중에서도 미국과 중국이 핵심입니다. 두 나라가 합쳐서 전 세계 이산화탄소의 40퍼센트를 내놓고 있으니까요.

　하지만 국제정치 역학상 힘이 약한 나라가 미국이나 중국 같은 강대국에 거센 압박을 가하기는 쉽지 않습니다. 그래서 세계시민들이 나서야 하지요. 물론 해당 국가의 시민들이 먼저 나서야겠습니다만, 남의 나라 일이라고 지켜보고만 있을 수는 없습니다. 이들 나라가 내놓는 이산화탄소가 자기들에게만 재앙을 일으키는 것은 아니니까요. 물론 이들 나라 전체를 싸잡아 비판하자는 말이 아닙니다. 기후위기에 소극적으로 대응하는 기업과 정치인들에 대한 비판과 행동이 요구되지요. 사실 남의 나라에 간섭하는 일이 쉽지는 않습니다. 다른 나라 사람들이 아무리 뭐라 해도 귓등으로도 듣지 않을 가능성이 높지요. 하지만 방법을 찾아야합니다.

정의로운 전환

기후위기에서 고려해야 할 또 하나는 '정의로운 전환Just Transition'입니다. 위기이다 보니 비상한 행동을 해야 하는데,

지금껏 이런 전환의 시대에 가장 많은 피해를 당하는 사람은 가진 자보다는 가난한 이들이었습니다. 기후위기가 다가온 데에는 기업과 정치가를 비롯한 기득권층의 책임이 큰데도, 정작 그 위기에 가장 큰 피해가 가난한 사람들에게 쏠리는 것은 공평하지 않지요. 오히려 몇몇 기업은 이 위기를 새로운 비즈니스의 기회로 삼기도 하고요. 그래서 가난한 이들의 고통을 줄이고 기득권을 가진 이들이 더 많은 책임을 지도록 하는 방향으로 이 위기의 대응책이 세워져야 합니다.

정의로운 전환은 1970년대 미국의 석유·화학·원자력 노동조합에서 활동하던 토니 마조치Tony Mazzocchi가 처음 제안한 개념입니다. 그는 석유·화학·원자력은 지속가능한 체제에서 사라지게 될 산업부문이므로 따라서 일자리를 잃게 될 노동자에게 새로운 삶을 시작할 수 있도록 보상, 교육, 재훈련의 기회를 제공해야 한다고 주장하며, 이를 정의로운 전환이라 이야기합니다. 정의로운 전환은 이후 전 세계적인 지지를 받으며 2015년 파리협정 전문에도 중요한 원칙으로 담기게 됩니다.

호주노총은 2016년 11월 「친환경 에너지 경제의 도전과 기회를 공유하기: 석탄화력 전력 부문의 노동자와 지역사회를 위한 정의로운 전환」이라는 문서를 발표합니다.[16] 이 문서에서 호주노총은 "전력부문의 정의로운 전환을 이끌기 위해서는 저탄소 경제로의 전환 비용을 노동자나 지역사회가 홀로 책임지는 것이 아니라, 전 사회가 공평하게 나누어야 한다"라고 이야기합니다. 그러면서 이를 위해 계획적인 전환과 석탄화력발전소의 폐쇄를 감독하고, 노동자와 노동자 가족, 지역사회에 정의로운 전환을 보장하면서, 산업과 기업의 구조 개혁을 관리하고 노동자들이 재생에너지나 다른 화석연료 발전 산업으로 이전할 수 있는 기회를 제공해야 한다고 주장합니다. 또한 석탄화력발전소가 폐쇄된 다음 지역 주민들이 어떤 산업에서 어떤 전망을 가지고 일할 수 있을지 구체적인 대안이 마련되어야 한다고 주장합니다. 결국 정의로운 전환을 위해선 환경부와 재무부, 과학부 등의 관련 중앙정부 부서와 지방정부 그리고 노동조합과 지역 시민단체가 함께 이를 관장할 독립적인 기구를 꾸려야 한다는 것이지요.

호주노총에서는 화력발전부문의 문제만을 다루었지만,

---

16 구준모, 「호주노총의 '정의로운 전환' 프로그램」, 『오늘보다』 제31호, 2017년 8월. http://todayboda.net/article/7378

앞서 우리가 살펴본 것처럼 재생에너지와 온실가스 감축을 위한 전환 과정도 노동자 그리고 지역시민의 문제와 다양하고 깊게 관련되어 있습니다. 우선 에너지발전 산업과 에너지 다소비 산업에서의 고용 상황이 급격하게 변하겠지요. 따라서 노동조합이 적극적으로 기후변화 의제들을 수용하고 협의하고 때로는 맞서 싸우며, 정의로운 전환의 주체가 되어야 합니다. 물론 정부와 기업도 그런 방향으로 전환을 이루도록 노력해야겠지만, 당장 피해를 보게 될 주체가 나서지 않는다면 누구도 도움을 주지 못할 것입니다.

우리가 구체적으로 무엇을 해야 할지, 외국의 사례에서 도움을 얻을 수 있습니다. 2005년 스페인의 노동조합들은 정부, 경제인 협회와 함께 교토의정서의 국가적 채택에 따른 공동 감시를 제도화하기 위한 협약을 체결합니다. 이 협약에 따라 기후변화에 대한 노사정 사회적 대화 협의체가 구성되고, 노조는 정부가 맡은 일을 잘하는지 감시하는 역할을 수행하게 됐지요. 노르웨이의 노동조합 연맹은 온실가스 배출량 감축에 노동조합이 적극 참여하기 위해, 목적·과정·분야를 분명하게 적은 기후전략 계획을 채택합니다. 그들은 기후변화에 대응하는 데에 드는 사회적 비용이 동등하게 분배되어야 한다고 주장하지요. 미국에서는 가장 큰 노동조합인 미국노동총연맹-산별노조협의회AFL-CIO와 환경운동 그룹들이 '노동-환경 대화체Labor-Environmental Dialogue'를 구성하여, 노동친화적인 기후변화 계획을 수립하기 위한 기준을 제시했습니다. 그 외에도 다양한 층위의 노동조합과 관련 기관들이 기후위기에 대응하는 과정에서의 노동조합과 노동자의 역할에 깊은 관심을 가지고 연구 및 조직화를 진행하고 있습니다.[17]

우리나라에서도 21세기 들어 노동조합과 여러 단체가 한국에서의 정의로운 전환에 대한 논의를 활발하게 전개하고 있습니다. 정부도 이에 대한 관심을 높이고 있지만, 앞서의 외국 사례들에 비해 아직 많이 부족한 것이 사실입니다. 정부 탓만 할 순 없지요. 앞서도 말씀드렸다시피 주체가 먼저 나서야 합니다. 우리나라의 노동자와 노동조합 그리고 지역 시민들과 시민단체들이 더 열심히 나서주셨으면 합니다. 마찬가지로 우리 사회의 구성원이며 동시에 더 많은 삶을 지구상에서 누릴 청소년들도, 이런 위기 상황에서 그저 어른들이 알아서 하도록 손 놓고 있을 수는 없겠지요.

---

17 장주영, 「기후변화와 정의로운 전환」, 한국노동사회연구소, 2013년 5월 29일. http://www.klsi.org/content/기후변화와-정의로운-전환

그레타 툰베리처럼, 또한 기후파업을 벌이며 기성세대에게 책임을 묻고 대책을 요구하는 전세계 청소년들처럼 '대책'을 논하고 '소리'를 내고 '연대'하며 '요구'하는 '행동'을 보여주시길 바랍니다.

제8장 우리는 지금 무엇을 해야 하나

이성으로 회의하고
의지로 낙관하자

졸저 『멸종: 생명진화의 끝과 시작』(공저)이나 『모든 진화는 공진화다』 등의 책에서도 지금 지구 생태계가 인간의 활동에 의해 어떤 위기에 당면했는지 지속적으로 이야기해왔습니다. 저 스스로는 계속 현재의 기후위기를 포함한 다양한 환경문제에 심각성을 느끼고 있었지요. 하지만 다른 관심사에 밀려 기후위기에 대한 별다른 모습을 보이지 못했던 것도 사실입니다. 그러다가 2019년 9월 '기후위기 비상행동' 시위를 보면서, 그리고 주변의 많은 분이 기후위기에 대해 이전보다 더 많이 더 열심히 이야기하고 행동하고자 하는 모습을 보면서, 저도 작게나마 무엇인가 역할을 해야겠다는 생각이 들었습니다.

제가 가장 잘할 수 있는 분야가 글쓰기와 강연인데, 강연이야 다른 훌륭하신 분들이 지금도 열심히 하고 있으니 저는 글로라도 뭔가를 해야겠다고 생각했지요. 그리고 기존에 나와 있는 여러 기후위기 관련 책을 살펴보았습니다. 이미 좋은 책들이 많이 나왔더군요. 하지만 학교나 시민단체 혹은 노동조합 등에서 현재의 기후위기에 대해 포괄적으로 이해하고 토론하기 위한 책으로 맞춤한 것은 없다는 생각이 들었습니다.

많은 책이 전공 서적이거나 어린이들을 위한 책이었고, 몇몇 책들은 기후위기를 비즈니스의 기회로 삼고자하는 모습을 보였습니다. 그렇지 않은 책들도 기후위기의 한 부분을 더 세밀하고 깊게 설명하다 보니, 너무 두껍거나 일부분만을 서술한 경우도 많더군요. 그래서 임박한 파국을 막고 새로운 전환을 이루기 위해, 지금 당장 다양한 층위에서 많은 사람이 수월하게 읽을 책이 필요하다고 생각했습니다. 현재의 위기와 그 대응책에 관하여 작은 부분부터 세계적 의제에 이르기까지 같이 토론할 수 있는 밑바탕이 되는 책을 써야겠다고 결심했습니다.

물론 현재의 기후위기는 쉽게 극복하기 힘들며, 전 세계적 진행 과정을 보면 낙관보다는 회의가 드는 것도 사실입니다. 위기를 극복하기 위해 전 인류가 감내해야할 고통과 인내도 크지요. 그래도 아직 완전히 늦지는 않았으니 미래 세대에게 미안하지 않기 위해서라도, 그리고 우리 삶이 나름의 의미를 가지도록 다같이 노력했으면 좋겠습니다.

부족한 책이지만 기후위기를 극복하는 노력에 작은 정성을 보탭니다. 이성으로 회의하고 의지로 낙관하자고 20세기의 한 선배가 이야기했지요. 저에게 그리고 여러분에게 그 말을 건넵니다.

감사합니다.

2019년 10월 28일

박재용

참고 도서

『과학이라는 헛소리 2』, 박재용 지음, MID, 2019년.

『기후변화의 과학과 정치』, 정진영 외 6명 지음, 경희대학교출판문화원, 2019년.

『기후위기와 자본주의』, 조너선 닐 지음, 김종환 옮김, 책갈피, 2019년.

『기후카지노』, 윌리엄 노드하우스 지음, 황성원 옮김, 한길사, 2017년.

『기후변화와 신재생 에너지』, 이인화·최승현 지음, 지우북스, 2019년.

『기후변화의 유혹, 원자력』, 김수진 외 4명 지음, 환경재단도요새, 2011년.

『누가 왜 기후변화를 부정하는가』, 마이클 만·톰 톨스 지음, 정태영 옮김, 미래인, 2017년.

『인간이 만든 재앙, 기후변화와 환경의 역습』, 반기성 지음, 프리스마, 2018년.

『정의로운 전환』, 김현우 지음, 나름북스, 2014년.

『지구 온난화의 이해』, 존 호턴 지음, 정지영·최성호 옮김, 에코리브르, 2018년.

『지구의 대기와 기후변화』, 김범영 지음, 학진북스, 2017년.

『파란하늘 빨간지구』, 조천호 지음, 동아시아, 2019년.

『한국 스켑틱 제10호: 지구 온난화의 과학』, 스켑틱 편집부 지음, 바다출판사, 2017년.

*정의로운 전환을 위한 에너지기후정책연구소와 기후변화행동연구소의 자료에서 많은 도움을 받았습니다.

그림 출처

그림 1 https://en.wikipedia.org/wiki/Carbon

그림 2 https://www.co2.earth/co2-ice-core-data

그림 3 「지구온난화 1.5℃(Global warming of 1.5℃)」, IPCC 특별 보고서, 2018.

그림 4 미국 환경보호청. https://www.epa.gov/climate-indicators/climate-change-indicators-wildfires

그림 5 https://ko.wikipedia.org/wiki/열염순환

그림 6 https://en.wikipedia.org/wiki/Methane_clathrate

그림 7 월드오션리뷰.
https://worldoceanreview.com/en/wor-1/ocean-chemistry/climate-change-and-methane-hydrates/

그림 8 「기후변화 2014: 통합 보고서(Climate Change 2014: Synthesis Report)」, IPCC 제5차 평가 보고서, 2014.

그림 9 「철강산업의 온실가스 배출--신화와 금기를 깨뜨리자」, 기후변화행동연구소, 2018년 9월 18일.http://climateaction.re.kr/index.php?mid=news01&document_srl=175251

그림 10 위와 같음.

그림 11 위와 같음.

그림 12 H. Ferreboeuf et al., "Lean ITC: Towards Digital Soberiety", *The Shift Project*, 2019.

그림 13 「벼농사와 온실가스, 그리고 대안」, 기후변화행동연구소, 2018년

5월 15일.

　　http://climateaction.re.kr/index.php?mid=news01&docume
　　nt_srl=174777

그림 14 IEA 2014 Energy use.

　　https://data.worldbank.org/indicator/EG.USE.PCAP.KG.OE

그림 15 "Fossil CO2 and GHG emissions of all world countries -
　　2019 report", EU Science Hub: EDGAR ,2019.

　　https://edgar.jrc.ec.europa.eu/overview.php?v=booklet2019

그림 16 위와 같음.

그림 17 위와 같음.

그림 18 UNDP, *Human Development Report 2007/2008*, Palgrave
　　Macmillan, 2007.

　　http://hdr.undp.org/en/content/human-development-
　　report-20078

그림 19 「국가온실가스 배출통계 추이」, 국가통계포털.

　　http://kosis.kr/statisticsList/statisticsListIndex.do?menuId=
　　M_01_01&vwcd=MT_ZTITLE&parmTabId=M_01_01&parentI
　　d=Q.1;E.2;11518.3;#SelectStatsBoxDiv

1.5도, 생존을 위한 멈춤
기후위기 비상행동 핸드북

2019년 12월 13일 초판 1쇄 펴냄
2021년 6월 29일 초판 4쇄 펴냄

지은이 박재용

펴낸이 정종주
편집주간 박윤선
편집 박소진 김신일
마케팅 김창덕

펴낸곳 도서출판 뿌리와이파리
등록번호 제10-2201호(2001년 8월 21일)
주소 서울시 마포구 월드컵로 128-4 2층
전화 02)324-2142~3
전송 02)324-2150
전자우편 puripari@hanmail.net

디자인 공중정원
종이 화인페이퍼
인쇄 및 제본 영신사
라미네이팅 금성산업

값 12,000원
ISBN 978-89-6462-133-2 (03450)

이 도서의 국립중앙도서관 출판예정도서목록(CIP)은 서지정보유통지원시스템 홈페이지(http://seoji.nl.go.kr)와 국가자료공동목록시스템(http://www.nl.go.kr/kolisnet)에서 이용하실 수 있습니다(CIP 제어번호: CIP2019049882).